库岸边坡水-岩作用

邓华锋　李建林　王孔伟　孙旭曙　著

科学出版社

北京

内 容 简 介

本书主要介绍作者近年来在三峡库区库岸边坡水-岩作用方面开展的一些研究工作。包括水库正常运营过程中库水位变化的阶段性影响机理，水库运营期的库岸边坡水-岩作用机制，考虑裂隙水压力的裂纹扩展规律及断裂判据，岩石力学试验试样的选择、强度预测方法，岩石力学系列对比试验中的强度修正思路与方法，浸泡—风干循环水-岩作用下典型砂岩的抗压强度、抗拉强度、断裂韧度、弹性模量、变形模量、黏聚力、摩擦角、纵波波速、回弹值等物理力学参数劣化规律以及岩石矿物的组成与结构、孔隙率等微观结构变化特征，水-岩作用下损伤砂岩的物理力学劣化规律，水-岩作用下砂岩动弹性模量、阻尼比、阻尼系数等动力响应特征变化规律，水-岩作用下砂岩的劣化机理、损伤演化方程和考虑压密效应的分段统计损伤本构方程等内容。

本书可作为岩土工程、水利水电工程、地质工程、减灾防灾与防护工程等相关专业高年级本科生和研究生的教学参考书，也可供有关科研和工程设计人员参考。

图书在版编目(CIP)数据

库岸边坡水-岩作用 / 邓华锋等著. — 北京：科学出版社，2016.7
　　（水电工程关键技术及应用丛书）
　　ISBN 978-7-03-049392-7

Ⅰ.①库… Ⅱ.①邓… Ⅲ.①水库-边坡-水岩作用-研究 Ⅳ.①TV697.2

中国版本图书馆 CIP 数据核字（2016）第 164449 号

责任编辑：杨　岭　唐　梅 / 责任校对：韩雨舟
封面设计：墨创文化 / 责任印制：余少力

科学出版社 出版
北京东黄城根北街16号
邮政编码：100717
http://www.sciencep.com

四川煤田地质制图印刷厂印刷
科学出版社发行　各地新华书店经销
*

2016年7月第 一 版　开本：B5
2016年7月第一次印刷　印张：11 1/2
字数：230 千字
定价：69.00 元

序

　　水－岩相互作用在自然界广泛存在，水是诱发各种地质灾害最活跃、最主要的因素。随着我国一大批水利水电工程的建设，岸坡岩土体长期处在反复浸泡—风干的动态水－岩作用过程中，以致岸坡岩土体物理力学性质不断劣化，诱发崩塌、滑坡等自然灾害，造成严重的经济损失和人员伤亡。因此，水－岩作用导致库岸边坡稳定性问题是十分严峻而又不可回避的现实问题。我很高兴地看到，作者围绕三峡库区库岸边坡水－岩作用这一问题，针对库岸边坡的稳定性开展了大量的理论分析和创新性的试验研究，取得了令人欣慰的成果。

　　《库岸边坡水－岩作用》一书首先从理论上详细分析了库岸边坡水－岩作用机理，提出了库水涨落情况下库岸边坡分段的研究方法，将库岸边坡水－岩作用机制概括为五个方面，重点分析了浸泡—风干循环作用累积损伤机制，并从断裂力学角度分析了库水位升降对裂隙岩体断裂因子及裂纹扩展规律的影响，这些都是对水－岩作用机理认识的深化。针对岩石力学试验过程普遍存在的离散性问题，提出了将超声－回弹综合法应用到岩石试样的选择、强度预测，分析提出了岩石力学系列对比试验中的强度修正思路与方法，这样有利于更好地把握试验规律。

　　基于自主研发的专用岩石浸泡试验仪器，模拟库岸边坡消落带岩体的实际赋存环境，设计了考虑水压力升降变化和浸泡—风干耦合作用的水－岩作用试验方案。结合三峡库区典型库岸边坡消落带砂岩，对水－岩作用下岩石的抗压强度、抗拉强度、断裂韧度、弹性模量、变形模量、粘聚力、摩擦角、纵波波速、回弹值等物理力学参数劣化规律以及岩石矿物组成与结构、孔隙率等微观结构变化特征进行了系统的分析；提出了基于离子浓度变化计算岩体中次生孔隙率的方法，为现场监测库岸边坡消落带岩体的次生孔隙率发育情况提供了很好的思路。考虑水库地震作用的影响，对水－岩作用下损伤砂岩的物理力学劣化规律和砂岩动弹性模量、阻尼比、阻尼系数的等动力响应特征进行了深入的研究。分析得到了水－岩作用下库岸边坡消落带砂岩损伤劣化机理，建立水－岩作用下考虑压密效应的分段统计损伤本构方程。研究结果对认识库岸边坡水－岩作用提供了重要依据，为库岸边坡的变形破坏分析和长期稳定性评价提供了比较重要的科学依据。

该书选题新颖，内容丰富，数据翔实，相关理论分析和试验研究均具有明显的创新性，该书的出版将丰富库岸边坡水－岩作用的研究方法和内容，特别是针对库岸边坡消落带岩体设计研制的专用仪器设备和试验方法将为库岸边坡水－岩作用提供很好的研究思路。

2016 年 05 月 08 日于武汉

前　言

为了解决调洪、发电、灌溉和供水等重大国民经济发展问题，我国已先后建成了数量众多的各类大型水利水电工程，而且还有一大批规模较大甚至巨大的水利水电工程正在兴建或即将兴建，这些工程的建设无疑会缓解我国电力紧张的局面，促进国民经济建设和社会发展。但这些大型水库的出现，往往会打破库区多年来自然形成的各种生物、环境、地质、力学等平衡状态，进而引发一系列新的自然灾害问题，其中，库岸边坡变形失稳就是近年来凸显而且亟待解决的问题之一。

水库蓄水，水位大幅度上升，不仅会改变库岸边坡表面的荷载状态，还会改变边坡内部的渗流场、化学场和应力场等。在水库诱发库岸边坡失稳的机理讨论中，许多研究者都提起水对岩土介质的"弱化"作用，即饱和岩体的强度降低；同时，由于防洪和发电等要求，库水位需要在一个较大的范围内升降变化，在水库大幅度涨落的条件下，库岸边坡变幅带部分岩土体周期性地处于疏干和饱和交替的动态，地下水时而受库水补给，时而排出，使库岸边坡部分岩土体处于饱和—风干的交替动态，这种交替作用对岩土体来说是一种"疲劳作用"，将造成岩体性质劣化，每一次的效应并不一定很显著，但多次重复作用后，损伤效应可能会累积性发展；而且，库水在动态变化的同时，可能还伴随暴雨的影响，进而引起库岸边坡库水位以上的岩土体含水率的变化，地下水位的变化，坡体内部由于含水率的变化而引起应力的重新分布等，这些环境因素的改变会使库岸边坡原有的平衡状态改变，很可能使稳定的库岸边坡向不稳定方向发展，而以往对这一过程的详细机理尚缺乏深入的研究。

长江三峡水库是一个典型的河谷型水库，库区跨越渝东和鄂西地区，库区两岸城市、集镇分布密集。三峡工程竣工后，库水每年都将按"冬蓄夏洪"的调度计划在 145m 的防洪水位和 175m 的蓄水发电水位之间或缓慢或快速地升降。在约 600km 长的河道两岸形成高差为 30m 的消落带，范围涉及湖北省 4 个县和重庆市 22 个县（区）。自 2003 年 6 月三峡工程成功下闸蓄水以来，一些库岸边坡逐渐出现变形和失稳的情况，而且经历数次库水位大幅度反复升、降变化以来，库岸边坡稳定问题日益凸显。

作者针对库岸边坡水－岩相互作用这一问题，围绕水－岩作用效应和作用机理进行深入理论分析和试验研究。研究过程中先后得到了湖北省自然科学基金项目"水－岩作用下砂岩断裂力学特性及参数相关性研究"（2012FFB03805）、国家重点基础研究发展计划（973 计划）前期研究专项"大型水电工程库岸边坡致灾机理及稳定评价理论研究"（2012CB426502）、国家自然科学基金项目"循环荷载与水－岩次序作用下砂岩损伤力学特性研究"（51309141）、水利部公益性行业科研专项经费项目"岸坡安全生命周期诊断评价与防护新技术示范"（201401029）、湖北省自然科学基金重点项目"水－岩作用下节理岩体力学特性劣化机理研究"（2015CFA140）和三峡大学青年拔尖人才培育计划项目"岸坡稳定及水－岩作用"（KJ2014H011）等项目的资助。本书是作者多年关于库岸边坡水－岩作用研究成果的系统总结。

全书共 10 章，主要包括如下内容。

第 1 章主要分析库岸边坡水－岩作用的研究背景和意义，并对库岸边坡变形稳定的影响因素、分析方法和库岸边坡水－岩作用研究现状进行了详细论述，介绍了课题组研发的专用岩石浸泡仪器——YRK-1 岩石溶解试验仪，最后，详细介绍了本书的主要研究内容、思路和方法。

第 2 章对库岸边坡随库水涨落的稳定性进行科学的分段，详细分析了库水位升、降对库岸边坡岩体的力学作用，从力学机理上解释库岸边坡在水位上升或下降过程中安全系数先下降后上升的变化规律的原因。将水库运营期的水－岩作用机制概括为五个方面：力学弱化机制、局部应力集中机制、物理弱化机制、化学弱化机制、浸泡—风干循环作用累积损伤机制，这样可以更全面地分析岸坡的水－岩循环作用效应和作用机理。从断裂力学角度分析裂隙水压力对裂纹强度因子的影响，对考虑裂隙水压力作用的Ⅰ～Ⅱ型复合裂纹扩展规律进行研究，推导基于摩尔－库仑屈服准则考虑裂隙水压力的岩体闭合裂纹断裂韧度 K_{IC}、K_{IIC} 和压剪状态下Ⅰ、Ⅱ型复合断裂判据。

第 3 章将超声－回弹综合法应用于岩石试样的筛选，能较好地识辨、衡量岩样之间的差异；试验前可以挑出那些可能会使试验结果离散的试样，控制试验结果的离散性，提高室内试验的准确程度；基于岩石抗压强度与岩石纵波波速、回弹值之间有较好的相关性，建立岩石抗压强度与纵波波速、回弹值的多元回归模型，模型验证结果表明综合经验公式的预测强度值是可信的，而且比以往单纯用声波或回弹法预测岩石抗压强度经验公式的准确程度要高。提出基于纵波波速和回弹值的抗压强度修正方法，这个过程相当于把每个岩样的初始强度修正到同一个标准，然后再进行比较分析，这样可以更好地把握某种或者多种外界因素作用（如水－岩作用、干—湿循环、化学溶液浸泡、冻融循环等）对岩石力学性质的影响。

第 4 章设计并进行模拟库水位动态变化和浸泡—风干循环作用过程的水－岩作用试验，为了研究不同水压力变化的影响，采用 3 种试验方案：静水常压、静水加压（浸泡压力：0.4MPa）、静水加压（浸泡压力：0.8MPa），同时考虑时间效应的影响。分析得到水－岩作用下砂岩的抗压强度、弹性模量、变形模量、黏聚力、摩擦角等力学参数劣化规律和变形破坏特征。

第 5 章考虑水库地震和库水大幅度升、降的加卸载效应，对损伤砂岩进行考虑库水压力升、降变化和浸泡—风干循环的水－岩作用试验，对损伤岩样在水－岩作用下的劣化效应和机制进行详细的分析。与"完整"砂岩试样相比，在浸泡—风干循环过程中，循环加卸载损伤试样的各项物理力学参数衰减得更快，破坏时的破碎程度要严重得多，这说明损伤岩体对水的软化作用更加敏感，同时也能较好地解释一些震后边坡在浸泡或者降雨时出现失稳的原因。

第 6 章对饱水和干燥两种砂岩试样进行 3 点弯曲断裂韧度和抗压强度、抗拉强度试验，得到砂岩 I 型断裂韧度 K_{IC} 与抗压强度，抗拉强度，c、φ 值等力学参数；并从理论上分析岩石 I 型断裂韧度 K_{IC} 与抗拉强度之间的关系，结合大量试验数据进行了验证，分析成果为以往的岩石 I 型断裂韧度 K_{IC} 与抗拉强度之间的数据统计拟合公式提供理论基础。设计并进行考虑长期浸泡和浸泡—风干循环作用的砂岩断裂试验，分析得到水－岩作用下砂岩的断裂力学特性劣化规律。

第 7 章考虑水库运营过程中可能遭遇地震作用，对浸泡—风干循环水－岩作用过程中的砂岩进行循环加卸载动力响应试验研究，分析得到水－岩作用过程中砂岩的阻尼系数、阻尼比和动弹性模量的变化规律，浸泡—风干循环作用对岩石动力特性的损伤是一种累积性发展的过程，每一次的效应并不一定很显著，但多次重复发生，却可使效应累积性增大。

第 8 章主要从微观层面对浸泡—风干循环水－岩作用下岩石损伤机制进行研究，一方面，通过定期对浸泡离子成分和浓度进行检测分析，确定矿物质的反应程度和反应速度，建立离子浓度变化序列表，并根据离子成分和离子浓度的变化，结合化学的方法分析岩石试样孔隙率的变化规律；另一方面，对不同浸泡—风干循环作用次数的岩石试样的孔隙率进行测试；同时，对不同浸泡—风干循环作用次数的岩石试样进行显微结构特征、矿物成分和含量分析；最后，结合这三个方面的测试结果，分析浸泡—风干循环作用下砂岩的孔隙率变化规律，确定岩石组成矿物发生化学反应的类型和程度，研究浸泡—风干循环作用下岩石损伤劣化的微观机理，同时结合岩样的纵波波速和回弹值测试，综合分析评价岩样的微观结构损伤。

第 9 章在前述章节浸泡—风干循环水－岩作用试验数据分析的基础上，根据水－岩作用过程中砂岩三轴压缩试验应力－应变曲线的特点，借助连续损伤力学和统计理论，将浸泡—风干循环水－岩作用的损伤效应直接耦合到损伤统计本构模型中，并重点考虑压密段的影响，分段建立水－岩作用下砂岩的统计损伤本构方程。对比分析表明，所建立的分段统计损伤本构模型计算曲线与试验曲线符合较好。

第 10 章主要对本书的研究成果进行归纳总结，并对将来的研究方向进行展望。

在本书研究过程中，大部分试验内容都是在三峡库区地质灾害教育部重点实验室(三峡大学)进行，得到三峡大学土木与建筑学院各级领导和同事们的关心和支持。在本书研究中，易庆林教授、王乐华教授、张振华教授、黄宜胜副教授、李新哲副教授、郭永成副教授、王瑞红副教授、刘杰副教授、赵二平副教授、王宇副教授、王兴霞副教授给予了很多建议和支持；工作室的宛良朋博士、许晓亮博士、陈将宏博士、段国勇博士、张景昱博士、骆祚森博士等参加了部分研究工作，硕士研究生邓成进、陈星、鲁涛、郭靖、朱敏、原先凡、罗骞、曹毅、姜桥、胡亚运、周美玲、肖志勇、胡玉、王哲、张小景、常德龙、李春波、胡安龙、肖瑶、张恒宾、方景成、王晨玺杰等在试验过程中付出了辛勤的劳动，在此，一并表示衷心的感谢！

由于时间关系和作者水平有限，书中的研究成果难免存在疏漏和不妥之处，恳请读者批评指正！

作　者

2015.12.27

目　　录

第1章　绪论 ………………………………………………………………… 1
　1.1　库岸边坡水－岩作用研究背景及意义 ……………………………… 1
　1.2　库岸边坡水－岩作用国内外研究现状分析 ………………………… 5
　　1.2.1　库岸边坡变形稳定研究现状分析 ……………………………… 5
　　1.2.2　库岸边坡水－岩作用研究现状分析 …………………………… 7
　1.3　研究内容和思路 ……………………………………………………… 11
　　1.3.1　主要研究内容 …………………………………………………… 11
　　1.3.2　研究技术路线 …………………………………………………… 14
　1.4　专用水－岩作用试验设备研制 ……………………………………… 14
　1.5　小结 …………………………………………………………………… 15

第2章　水库正常运营过程中库岸边坡水－岩作用研究 ………………… 16
　2.1　库水位升、降变化对库岸边坡变形稳定的影响 …………………… 17
　　2.1.1　库水位上升期水－岩力学作用机理分析 ……………………… 17
　　2.1.2　库水位下降期水－岩力学作用机理分析 ……………………… 20
　　2.1.3　库水位升、降变化时典型库岸滑坡稳定性分析 ……………… 21
　2.2　库水位相对稳定期的水－岩物理、化学作用分析 ………………… 23
　2.3　库水位反复升、降变化导致的浸泡—风干循环水－岩作用 ……… 25
　2.4　考虑裂隙水压力的裂纹应力强度因子分析 ………………………… 29
　　2.4.1　水压力作用下裂纹Ⅰ型应力强度因子 ………………………… 30
　　2.4.2　水压力作用下裂纹Ⅱ型应力强度因子 ………………………… 30
　　2.4.3　考虑水压力作用的Ⅰ～Ⅱ型复合裂纹扩展研究 ……………… 31
　　2.4.4　考虑裂隙水压力的岩体压剪断裂判据 ………………………… 35
　2.5　小结 …………………………………………………………………… 37

第3章　岩石力学试验试样选择、强度预测与修正研究 ………………… 39
　3.1　岩石力学试验结果离散性的影响因素分析 ………………………… 40
　3.2　岩石力学试样选择、强度预测方法研究 …………………………… 41
　　3.2.1　常用无损检测技术的基本原理 ………………………………… 41
　　3.2.2　超声波对岩石内部缺陷的识辨能力 …………………………… 42

3.3　超声－回弹综合法测试与分析 ················· 43

　　3.3.1　超声－回弹综合法强度预测实例分析 ········· 43

　　3.3.2　关于超声－回弹综合法的说明 ············· 46

3.4　岩石力学系列对比试验中抗压强度修正方法研究 ······· 47

　　3.4.1　离散性对岩石力学系列对比试验的影响 ······· 47

　　3.4.2　岩石力学系列对比试验中强度修正方法研究 ····· 48

　　3.4.3　岩石力学系列对比试验中强度修正实例及分析 ··· 49

　　3.4.4　岩石力学系列对比试验中强度修正方法的讨论 ··· 52

3.5　小结 ··································· 53

第4章　水－岩作用下砂岩力学特性劣化规律研究 ·········· 54

4.1　考虑浸泡—风干循环的水－岩作用试验方案设计 ······· 54

　　4.1.1　岩样制备与选择 ··················· 54

　　4.1.2　浸泡—风干循环水－岩作用试验方案 ········· 55

4.2　三轴压缩作用下砂岩应力－应变特性分析 ·········· 56

4.3　砂岩试样弹性模量、变形模量变化规律 ··········· 58

4.4　砂岩试样抗压强度变化规律分析 ·············· 64

4.5　砂岩试样抗剪强度参数劣化规律分析 ············ 66

4.6　砂岩试样破坏形态研究 ·················· 68

4.7　小结 ··································· 73

第5章　水－岩作用下损伤砂岩力学特性劣化规律研究 ······· 75

5.1　损伤砂岩水－岩作用试验设计 ··············· 76

　　5.1.1　损伤砂岩试样制作 ·················· 76

　　5.1.2　水－岩作用试验方案 ················· 77

5.2　水－岩作用下损伤砂岩纵波波速、回弹值变化规律 ······ 77

5.3　损伤砂岩的抗压强度劣化规律 ··············· 81

5.4　水－岩作用下损伤砂岩和"完整"砂岩劣化规律比较 ····· 83

5.5　水－岩作用下损伤砂岩力学特性劣化机制分析 ······· 84

5.6　小结 ··································· 87

第6章　水－岩作用下砂岩断裂力学特性劣化规律研究 ······· 88

6.1　砂岩 I 型断裂韧度及其与强度参数的相关性研究 ······· 88

　　6.1.1　试验方案设计 ···················· 89

　　6.1.2　砂岩 I 型断裂韧度 K_{IC} 试验结果及分析 ······· 91

    6.1.3　砂岩抗压、抗拉强度试验结果及分析 ……………… 92

    6.1.4　砂岩Ⅰ型断裂韧度 K_{IC} 与强度参数相关性分析 …… 94

  6.2　水－岩作用下砂岩断裂力学特性劣化规律试验研究 ……… 99

    6.2.1　试样制备与选择 …………………………………… 99

    6.2.2　试验方案设计 ……………………………………… 99

  6.3　水－岩作用下砂岩断裂特性劣化规律 ………………… 101

    6.3.1　砂岩试样断裂韧度变形特征分析 ………………… 101

    6.3.2　水－岩作用下砂岩断裂力学特性劣化规律 ……… 102

    6.3.3　断裂韧度与抗拉强度相关性讨论 ………………… 105

  6.4　小结 …………………………………………………… 107

第7章　水－岩作用砂岩动力特性劣化规律研究 ……………… 108

  7.1　试验方案设计 ………………………………………… 108

    7.1.1　试样制作 …………………………………………… 108

    7.1.2　试验方案 …………………………………………… 109

  7.2　循环荷载作用下的动力响应分析原理 ………………… 110

    7.2.1　循环荷载作用下动力响应计算原理 ……………… 110

    7.2.2　循环荷载作用下动力响应简化计算公式 ………… 112

  7.3　水－岩作用下砂岩动力特性劣化规律分析 …………… 113

  7.4　水－岩作用下砂岩动力特性劣化机制探讨 …………… 117

  7.5　小结 …………………………………………………… 118

第8章　水－岩作用砂岩微观结构变化规律及机理研究 ……… 120

  8.1　岩石试样特征和试验方法 …………………………… 120

    8.1.1　岩石试样的特征分析 ……………………………… 120

    8.1.2　试验方法 …………………………………………… 121

  8.2　浸泡溶液离子浓度变化规律分析 …………………… 121

  8.3　水－岩作用下砂岩次生孔隙率变化规律分析 ………… 126

    8.3.1　基于离子浓度变化的次生孔隙率分析 …………… 126

    8.3.2　砂岩实测次生孔隙率变化规律 …………………… 129

  8.4　砂岩试样的纵波波速、回弹值变化规律 ……………… 130

  8.5　水－岩循环作用下砂岩试样微观结构变化及劣化机理分析 ……… 134

  8.6　小结 …………………………………………………… 136

第9章　水－岩作用下砂岩劣化损伤统计本构模型 ·········· 139

　9.1　水－岩作用下砂岩力学参数劣化规律 ·········· 139

　9.2　水－岩作用下砂岩损伤变量的确定 ·········· 141

　　9.2.1　损伤变量的确定 ·········· 141

　　9.2.2　岩石微元强度的确定 ·········· 142

　9.3　水－岩作用下砂岩统计损伤本构模型 ·········· 143

　　9.3.1　水－岩作用下砂岩统计损伤本构方程 ·········· 143

　　9.3.2　水－岩作用下砂岩统计损伤本构方程参数的确定 ·········· 145

　　9.3.3　水－岩作用下砂岩统计损伤本构模型的验证 ·········· 147

　9.4　小结 ·········· 149

第10章　研究结论及展望 ·········· 150

　10.1　主要研究结论 ·········· 150

　　10.1.1　水库正常运营过程中库岸边坡水－岩作用分析 ·········· 150

　　10.1.2　岩石力学试验试样选择和强度预测、修正研究 ·········· 151

　　10.1.3　水－岩作用下砂岩力学特性劣化规律研究 ·········· 152

　　10.1.4　水－岩作用下损伤砂岩力学特性劣化规律研究 ·········· 153

　　10.1.5　水－岩作用下砂岩断裂力学特性劣化规律研究 ·········· 153

　　10.1.6　水－岩作用砂岩动力特性劣化规律研究 ·········· 154

　　10.1.7　水－岩作用砂岩微观结构变化规律及机理研究 ·········· 155

　　10.1.8　水－岩作用下砂岩劣化损伤统计本构模型 ·········· 156

　10.2　研究展望 ·········· 156

参考文献 ·········· 158

第1章 绪 论

1.1 库岸边坡水-岩作用研究背景及意义

水利水电工程是人类改造自然、利用自然的重要途径，具有防洪、发电、灌溉、航运、养殖、供水、旅游等综合效益。我国已先后建成了数量众多的各类水利水电工程，而且目前还有一大批规模较大的水利水电工程正在兴建或即将兴建，这些民生水利工程的建设无疑会缓解我国防洪、灌溉、饮水以及电力紧张的局面，促进国民经济建设和社会发展。但这些水利工程的出现，往往会打破库区多年来自然形成的各种生物、环境、水文、地质、力学等平衡状态，特别是地表水和地下水环境的重大变化，不仅会改变库岸边坡表面的荷载状态，而且会改变边坡内部的渗流场、化学场和应力场等，进而加剧原来的水-岩作用进程，而且会促进一些新形式的水-岩作用发展。这些作用不仅会改变岩土体的状态，而且会逐渐改变其结构和成分，导致岩土体力学性质逐渐劣化，进而引发一系列新的自然灾害问题。大量统计资料表明，已建成的大量各类水库中，库岸崩滑的发育是相当普遍的。

库岸地带发生的崩塌和滑坡是库区水-岩作用导致的一类重要地质灾害，往往会对工程及环境造成较大的影响。例如，意大利瓦依昂水库滑坡就是一个最典型的实例，该水库大坝高267m，1960年9月竣工，是当时世界上最高的超薄双曲拱坝，1960年2月开始蓄水，1960年9月完成蓄水，坝前水位130m。1963年10月9日，大坝上游左岸山体突然发生体积为2.4亿 m^3 的超巨型滑坡，滑坡速度高达25~30m/s，掀起的库浪高出坝顶125m，约2500万 m^3 的库水翻坝而过，摧毁了坝下游3km处的隆加罗内市(Longarone)及数个村镇，造成2000余人遇难，并使全部工程失效(王兰生，2007)，如图1.1所示。

我国已建成大量各类水库，库岸崩滑事件也屡见不鲜，表1.1列出了部分库岸滑坡实例(王士天等，1997，在此基础上进行了补充)。其中值得注意的是1961年3月的柘溪水库塘岩光滑坡，它是我国第一个规模最大的岩质库岸滑坡，滑体位于该水库的库首区，距大坝约1.55km，$1.65\times10^6 m^3$ 的滑体以19.58m/s的速度，沿层间软弱带顺向($\angle34°$~$35°$)滑入水库，激起高达21m的涌浪，涌浪到达坝前仍高于坝顶1.6m，致使库水翻坝下泄，淹没了下游施工基坑，冲毁了部分已建成的构筑物，造成巨大的经济损失，死亡40余人。

(a)建设中的瓦伊昂大坝

(b)滑坡后的瓦伊昂水库

图 1.1　瓦依昂水库滑坡

表 1.1　部分库岸滑坡破坏实例统计表

序号	名称	所在工程	破坏类型	变形破坏特点
1	官厅	官厅	坍岸	1955 年蓄水后，库岸由黄土状土组成的地段产生坍岸，宽度一般为 20～30m，个别达 50～80m，单宽坍岸量 300～700m³。坍岸主要发生在蓄水初期，1955～1956 年两年的坍岸宽度占 50%～80%，1957 年后坍岸现象普遍减弱，1960 年后库岸基本上趋于稳定

续表

序号	名称	所在工程	破坏类型	变形破坏特点
2	三门峡	三门峡	坍岸	1960 年蓄水后，黄土状的库岸迅速发生坍岸，坍岸线总长达 200km，占全部岸线的 41.5%，近 $9000 \times 10^4 m^3$，坍岸宽度一般为 $30 \sim 70m$，最大达 280m，单宽坍岸量一般为 $200 \sim 2000m^3$，最大达 $7000m^3$。在蓄水初期及水位上升期坍岸强烈。水位上升的前五个月，坍岸量占 $70\% \sim 90\%$，1962 年 5 月后，水库处于低水位运行，坍岸趋于稳定
3	苏州崖	刘家峡	顺层滑动	结晶片岩，倾向库床，倾角 $20° \sim 40°$，1952 年即发现有平行岸坡的直立裂缝，且逐年加宽，1957 年发生滑动，垂直落距 10m，水平滑距 $5 \sim 8m$，1968 年水库蓄水，滑坡未动。滑坡总体积约 60 万 m^3
4	公牛石	黄龙滩	古滑坡复活	1974 年蓄水。古滑坡体厚 26m，体积(200~500)万 m^3，当水位升至高程 219m 时，高程 240m 以下出现滑塌
5	马头山	黄龙滩	堆积层滑动	1974 年蓄水。两年后，当水位消落 4.13m 时，风化破碎基岩及上覆松散堆积物沿顺坡向基岩片理面急速滑落，体积为 40 万 m^3，涌浪高度 16.18m
6	刺桐溪	凤滩	堆积层滑动	1976 年蓄水，水位从 120m 升到 160m 时，坡脚 1/3 被淹，顶缘拉开。1977 年暴雨后发生滑动。体积(16~19)万 m^3
7	龟石	龟石	顺层滑动	滑坡体为砂页岩互层，倾向河床，倾角 30°。1960 年蓄水，水位抬高 20m 后，风化页岩、砂岩顺层面滑动，体积为 135 万 m^3
8	塘岩光	柘溪	顺层滑动	细砂岩夹板岩，倾向河床，倾角 $34° \sim 42°$，板岩层间错动面上有黏土充填。1961 年蓄水，18 天后库水位上升约 50m，连续 8 天降雨，岩体沿层面急速滑落，滑动体厚 $20 \sim 35m$，总体积 165 万 m^3，涌浪达到对岸的浪高为 21m，随后逐渐稳定
9	小黄崖	乌江渡	基岩拉裂	由巨层灰岩组成高达 200m 的陡崖，蓄水前在顶缘即出现裂缝。1979 年蓄水，不到两年，水位上升 100m 左右，变形急剧增长，估计不稳定岩体体积(70~100)万 m^3
10	千将坪	三峡	顺层滑动	2003 年，三峡库区蓄水到 135m 高程，滑坡堵江并形成高程达 $149 \sim 178m$ 的坝体，总方量约 2400 万 m^3，激浪高近 30m，诱发滑坡的主要因素是持续强降雨，雨水大量渗入，软化了岩石，增加了滑体的重力和渗透压力，降低了摩阻力，促使斜坡破坏，形成滑坡
11	高阳镇	三峡	顺层滑动	2008 年，三峡库区出现持续暴雨天气，最高降雨量达 106mm，引起特大滑坡和泥石流

　　2003 年 6 月 20 号三峡水库蓄水至 135m，2003 年 7 月 13 日凌晨，长江支流青干河边的秭归县沙镇溪镇发生了千将坪滑坡，如图 1.2 所示。滑坡总方量约 2400 万 m^3，滑坡堵江并形成高差达 $149 \sim 178m$ 的坝体，激浪高近 30m，造成 14 人丧生、10 人失踪、1200 多人家园被毁，经济损失惨重。

　　从这些典型灾难性滑坡事件中不难发现，相比于其他环境中的滑坡失稳或工程边坡破坏，库岸滑坡灾害影响范围更加广泛，具有突发性强、破坏力大、分布面积广、救援难度大等特点，往往会造成严重的经济损失和重大人员伤亡。因此，库岸边坡的稳定对于水利水电工程的安全和有效运营以及库区人民的生命财

(a)滑坡前

(b)滑坡后

图 1.2   三峡库区千将坪滑坡

产安全、航道安全和社会稳定均有着极为重要的现实意义。

　　水-岩相互作用在自然界广泛存在，岩土边坡变形破坏过程中，常常有水的参与，水是诱发各种地质灾害最活跃、最主要的因素。已建水库中库岸崩滑的发育是比较普遍的，实际统计资料表明，库岸边坡失稳破坏发生在库水位上升期者占 40%～49%，发生在水位消落期者约占 30%，而一些大型滑动则往往发生在库水位达到最高峰后的急剧消落时刻(王士天等，1997)。

　　长江三峡水库是一个典型的河谷型水库，库区跨越渝东和鄂西地区，库区两岸城市、集镇分布密集。三峡工程竣工后，库水每年都将按"冬蓄夏洪"的调度计划在 145m 的防洪水位和 175m 的蓄水发电水位之间或缓慢或快速地升降，如表 1.2 所示。在约 600km 长的河道两岸形成高差为 30m 的消落带，范围涉及湖北省 4 个县和重庆市 22 个县(区)。

　　据不完全统计，三峡库区已经查出的滑坡约 5000 余处，其中涉水滑坡近2000 处；体积大于 100 万 m^3 的重大涉水滑坡有 300 余处。自 2003 年三峡水库蓄水以来，开展了二期、三期、三峡后续规划等地质灾害专业监测治理，历经库水位 135m、156m、172m、175m 等蓄水阶段，变形达到 1000mm 的滑坡 10 余个，其中不乏影响较大的滑坡，如千将坪滑坡(2003 年)、高阳镇滑坡(2008 年)、凉水井滑坡险情(2009 年)等。因此，三峡工程在带来巨大社会效益和经济效益的同时，也将对库区地质环境造成潜在的不利影响。

表 1.2　三峡库区水位的年内变化表　　　　　　　　　(单位：m)

1 月	2～3 月	4 月	5 月	6～9 月	10 月	11～12 月
175～170	170～165	165～160	155	145	154～175	175

随着一大批水电工程的建设和大型水库的出现，水－岩作用导致的库岸边坡稳定问题将是十分严峻而又不可回避的现实问题，而且，库岸边坡地质灾害监测预警以及地质灾害中长期预报中关于水对岩土体影响的研究提出了更高的要求，消落带是库岸边坡稳定的敏感地带，水对消落带岩体的长期反复作用是影响库岸边坡稳定的关键因素。因此，本书充分考虑库岸边坡消落带岩体的赋存环境，首先分析库水位升、降变化对库岸边坡变形稳定的宏观影响，然后考虑水压力的变化，开展库岸边坡消落带典型岩石的浸泡—风干循环水－岩作用试验研究，分析得到了水－岩作用岩石损伤劣化效应和劣化机理，建立了水－岩作用下典型砂岩的损伤劣化模型。

1.2　库岸边坡水－岩作用国内外研究现状分析

1.2.1　库岸边坡变形稳定研究现状分析

针对库岸边坡的安全和稳定问题，国内外学者对影响库岸边坡安全和稳定的因素进行了较多的分析，并采用理论计算、数值模拟、模型试验和现场监测等手段对库岸边坡安全和稳定进行了比较详细深入的研究。

1.　库岸边坡失稳的机理研究

陈远川等(2009)从水－岩相互作用出发，分析了库岸边坡失稳的机理，对库岸灾害形成的链式机理进行了分析，认为库岸边坡病害治理在综合采用基本边坡处治技术的基础上，还应重点考虑排水降压、护坡防冲刷、反滤及疏导等断链减灾措施；刘才华等(2005)针对库岸边坡在库水位陡降时易发生失稳破坏这一特点，分析了地下水引发库岸边坡失稳的机理，指出在地下水作用下，边坡岩土物理力学性质恶化、库水浮托力以及坡体内渗透力是影响库岸边坡稳定性的重要因素，给出了考虑地下水影响的库岸边坡稳定性计算公式；刘佳等(2009)、祁生文等(2004)、王成虎等(2006)提出地震动力作用是影响边坡稳定性的重要因素，给出了描述震动效应的参数，分析了边坡在动力作用下的可能破坏形式，探讨了地震边坡的失稳机制，并研究了各种烈度地震作用下边坡的稳定性系数；柴贺军等(2002)、张建国等(2009)、胡斌等(2005)认为岩体中的初始应力场是高边坡岩体稳定以及边坡开挖设计与支护的决定性因素之一，根据地应力实测资料及地质构造条件，考虑边坡浅表全风化、强风化地层以及断层破碎带对坝区初始地应力场的影响，建立坝区初始地应力场三维回归计算分析模型，并通过多元回归三维数值计算，求得地应力最优回归系数，较为准确地反演坝区的初始地应力场，为边坡开挖模拟和长期稳定性分析提供了有力保证。

2. **库水位变化对库岸边坡稳定性的影响研究**

早期 Morgenstern(1963)在不考虑孔压消散的假定基础上，利用极限平衡法探讨了库水位变化对均质边坡安全系数的影响，分析表明，边坡安全系数随着库水位的上升而增大；Griffiths 和 Lane(1999，2000)基于自己开发的有限元软件，利用强度折减法分析了水位变化对边坡安全系数的影响，结果表明，边坡安全系数随着库水位的增加呈现先变小后变大的变化趋势；国内学者朱冬林等(2002)分析了库水位与滑坡稳定性的一般规律，结果表明，随着库水位的上升或下降，滑坡的稳定性均出现大→小→大的变化过程；袁中友等(2003)分析三峡水库蓄水时和蓄水后，由于水位变动所产生的各种作用力，以及这些作用力可能给库区的崩塌、滑坡体带来的影响，分析认为浸水和水位急剧升降是影响水库崩塌、滑坡体稳定性的主要因素；李会中等(2006)对秭归县千将坪滑坡的地质特征与成因机制进行了深入探讨，结论表明，三峡水库水位的抬升与持续的强降雨是千将坪滑坡的根本诱因；董金玉等(2011)基于水电站库区一大型堆积体边坡，对水库蓄水和下降过程中边坡的变形破坏特征进行了分析预测。陈祖煜(1985)、汤维增(1992)、王思敬等(1996)、李强等(2002)、张均锋等(2004)、时卫民等(2004)也对库岸边坡的稳定性问题进行了探讨与研究。

3. **库岸边坡变形稳定数值模拟研究**

刘新喜等(2005a，b)、廖红建等(2005)、王锦国等(2006)以三峡水库水位周期性波动为背景，用数值模拟的方法研究了库水位升、降对库岸边坡稳定性可能产生的不利影响，得到了库岸边坡内的渗流场，并对库岸边坡的稳定性进行了评价；张文杰等(2005，2006)着重考察了水位波动条件下，各水力参数对库岸边坡稳定的影响程度；章广成等(2007)、孙冬梅等(2008)采用饱和与非饱和渗流模型，模拟了库水位波动情况下浸润线的变化情况；赵兰浩等(2011)以流体力学基本方程配以非牛顿流体本构关系，进行了地震作用下土质库岸边坡失稳运动及初始涌浪数值模拟。

4. 库岸边坡渗流场理论分析研究

吴琼等(2007，2009)建立隔水底板呈缓倾角的均质库岸边坡模型，采用稳定渗流情况下的浸润线作为非稳定渗流的初始值，推导出库水位升降联合降雨作用下该模型中浸润线的近似解析解；罗红明等(2008)提出了土水特征曲线的多项式约束优化模型和饱和－非饱和渗流数值模型；郑颖人等（2004）、冯文凯等（2006）、张友谊等(2007)研究了浸润线的解析解；国外 Kacimov 等(2004，2006)也对浸润线的解析解进行了研究。

5. 库岸边坡模型试验研究

罗先启等(2005)、刘波等(2007)建立了水位控制系统、多物理量测试系统、非接触位移量测试系统等组成的滑坡模型试验控制系统，以三峡库区石榴树包滑坡为例，研究了水库型滑坡变形破坏规律；李邵军等(2008)通过离心模型试验模拟了三峡库区典型边坡在水位升降作用下的失稳过程，认为若仅考虑水位升降作用影响，库区土质边坡的变形呈现典型的牵引破坏模式，变形由前缘向后缘逐渐发展。贾官伟等(2009)通过尺寸为 15m×5m×6m(长×宽×高)的大型模型试验研究水位骤降引致临水边坡滑坡的原因及失稳模式。试验结果表明，坡外水位骤降时，坡内水位的下降速度显著滞后于坡外，产生指向坡外的渗流，这是滑坡产生的重要原因。姜海西等(2009)进行了水下岩质边坡模型试验研究，探讨在水位升、降过程中和波浪作用下水下岩质边坡的稳定性和破坏机制，将结构面为 30°和 50°的两种岩质边坡模型布置在人工水槽中，采用波流系统进行水位升降和波浪冲击试验，量测岩质边坡的应力变化。

综合上述研究成果可以发现，以往的研究在库水作用下的边坡稳定方面取得了较多的成果，但是在分析库水位反复升、降变化对库岸边坡的变形和稳定性影响时，往往只考虑单次水位升、降对库岸边坡的力学效应影响和饱和状态下岩土体参数的折减，很少考虑浸泡—风干循环作用下的岩土体质量的累积损伤，库岸边坡的长期变形计算、预测和稳定性评价方面研究相对较少。统计表明，自2003 年 6 月三峡工程成功下闸蓄水以来，部分岸坡逐渐出现变形和失稳破坏情况，而且经历数次库水位大幅度反复升、降变化以来，岸坡变形稳定问题日益凸显，因此，有必要在前期研究成果归纳总结的基础上，系统地分析库水长期反复升、降循环作用对岸坡变形、稳定性的影响。

1.2.2　库岸边坡水－岩作用研究现状分析

水－岩作用(water-rock interaction，WRI)这一术语由苏联学者 A. M. Овчинников于 20 世纪 50 年代提出。水－岩作用是多学科交叉发展的结果，本质上具有多重属性，不同专业领域对水－岩作用有不同的理解和研究目的：矿物学领域关心水－岩作用的成矿(岩)作用；环境工程领域关心水－岩作用引起的环境效应；地质学领域关心水－岩作用引起的地质效应；岩土工程领域则关心水－岩作用引起的岩土材料的劣化及其对工程结构稳定性的影响。针对不同地区、不同环境条件、不同性质的岩体，国内外不同专业领域的学者对水－岩作用做了很多理论和试验研究工作，也取得了很多研究成果，其中，在与库岸边坡稳定密切相关的工程地质和岩土工程领域，主要集中在水－岩作用对岩土体强度的弱化和水动力学效应等方面，归纳起来主要有以下几个方面。

1. 饱水或不同含水率情况下岩石(软岩)的力学特性研究

Hawkins 等(1992)、Dyke 等(1991)、Chang 等(2006)对多种砂岩和石英砂屑岩在干燥和饱和两种状态下的抗压强度进行了试验研究，发现饱水状态下，岩石的强度损伤较大，而且岩石强度越低，对含水量反应越敏感；陈钢林等(1991)、康红普(1994)、李炳乾(1995)、路保平等(1999)也对砂岩、花岗闪长岩和泥岩在饱水或不同含水率状态下的抗压强度、弹性模量等力学特性进行了试验研究，发现岩石强度等参数随含水量的增加变化十分显著；孙萍等(2009)对东河口滑坡岩石的抗剪断性质进行了一系列试验，发现饱水岩样的抗剪能力比干燥岩样明显要低；曹平等(2010)进行了大理岩和混合岩的亚临界裂纹扩展试验，试验表明，水作用下的岩石亚临界裂纹扩展速度要快，水的存在使得岩石的断裂韧度 K_{IC} 明显降低。

2. 水、化学溶液浸泡作用下岩石(软岩)力学特性研究

较多学者对短期或长期浸泡下的岩石力学性质变化规律进行了研究。汤连生等(2000；2002a，b，c)对花岗岩、砂岩和灰岩进行了水溶液、化学溶液浸泡试验研究，用岩石的弹性模量、抗压强度、断裂韧度因子等力学参数的变化定量地分析了水－岩作用损伤效应；周翠英等(2003，2004，2005，2010)对砂质泥岩、泥质粉砂岩等软岩进行了一系列饱水和软化试验，从微观结构、离子浓度、力学性质变化等方面对水－岩作用进行了研究，研究发现，软岩的物理、力学性质与水溶液离子浓度在前3个月内变化幅度较大，3个月后较为平缓，6个月后逐渐趋于稳定；李彦军等(2008)也对不同饱水时间的砂岩的物理力学性质变化规律进行了研究；汪亦显等(2010)对不同浸泡时间的软岩试验样品进行了力学参数以及双扭试件的亚临界裂纹扩展试验，研究表明，水－岩作用能加快膨胀性软岩亚临界裂纹的扩展，并且具有显著的时间效应；韩丽芳等(2009)、王运生等(2009)、李月美等(2009)对典型库岸边坡的岩石样品进行了室内软化系数的测定，结果表明库区岩石水－岩作用具有明显的时效性。

3. 考虑水－岩相互作用的岩石断裂力学特性研究

水－岩相互作用对裂隙岩体的影响主要来自于水压力和化学腐蚀两方面的作用。一方面，水压力的存在降低了裂纹面上的正应力，进而对裂纹尖端的应力强度因子产生影响；另一方面，水和不同化学溶液的侵蚀会对岩石产生不同程度的腐蚀作用，将改变岩体的物理状态和微细观结构，使其力学特性发生变化。Bruno 等(1991)通过现场实验发现孔隙水压力对裂纹扩展和贯通的作用效果是双向的，裂纹尖端孔隙水压力的增加可促使裂纹的扩展，而孔隙水压力的梯度变化则可能阻碍裂纹的扩展；汤连生等(2002a，b，c；2003a，b；2004)对水溶液和化学溶液浸泡作用下的岩石断裂力学指标进行了试验研究，试验表明水－岩化学作用对岩石裂纹的断裂指标有显著的影响，并基于最大轴向正应力理论，分析了有水作用的复合型裂纹在不同应力状态及化学损伤作用下扩展的临界应力强度因子和扩展方向角；杨慧等(2009)也从理论上探讨化学腐蚀下等效裂纹扩展的定量化分析方法，建立了水－岩化学作用下等效裂纹扩展的计算公式；汪亦显等(2010)对经过水浸泡不同时间后的软岩试验样品进行力学参数以及双扭试件的亚临界裂纹扩展试验，研究表明水－岩作用能加快膨胀性软岩亚临界裂纹的扩展，并且具有显著的时间效应；曹平等(2010)进行了大理岩和混合岩的亚临界裂纹扩展试验，试验表明，水作用下的岩石亚临界裂纹扩展速度要快，水的存在使得岩石的断裂韧度 K_{IC} 明显降低。综合这些研究成果可以发现，水－岩作用对岩石断裂力学性质具有明显的弱化作用。

4. 考虑水－岩耦合作用的岩石循环加卸载研究

循环加卸载是实验室内研究岩石动力响应的常用方法之一，也是目前实验室模拟地震作用导致的岩体内部损伤的一种常用方法。近年来，由于涉水岩土工程逐渐增多，较多学者在研究岩石循环加卸载时也逐渐考虑水－岩耦合作用。Tutuncu 等(1998a，b)研究发现，应力－应变滞后回线的特征与施加荷载的频率、应变振幅以及岩石的饱和流体特性等因素有关；席道瑛等(2002，2004)对干燥、饱水、饱泵油和泵油加沥青等 4 种类型的砂岩、大理岩进行了垂直层理和平行层理两个方向的正弦波加载试验，干燥岩石的衰减很小，饱和岩石的衰减、杨氏模量、泊松比、波速均随饱和液体的黏滞系数增大而增大；宛新林等(2009)也在单轴循环加载动态响应实验中发现，饱和岩石随应变振幅的增大而衰减增大，模量呈线性下降，泊松比呈非线性增大；陈运平等(2003，2010)通过饱和砂岩和大理岩循环载荷试验研究发现，不同孔隙流体和不同性质的岩石，其应力－应变滞后回线的形状是不同的，并根据流体饱和的大理岩和砂岩的多级循环荷载试验，利用内时理论模型分析了流体饱和岩石的弹塑性响应；许江等(2009)对饱和砂岩进行三轴等围压情况下的循环加卸载孔隙水压力试验，研究表明，在孔隙水压力的不同上限值和不同幅值区间的耗散能构成不对称"X"形，而且残余应变与循环次数的关系符合乘幂负指数关系。

5. 水－岩作用机理研究

随着对水－岩作用研究的逐步深入，不少学者通过室内试验、数值模拟和理论分析等方法，对水－岩作用机理进行了较多的研究。王士天等(1997)比较详细地综述了水库区水－岩作用的类型和特征，主要有：软化及泥化作用、干缩湿胀崩解、渗透变形、冰冻膨胀、化学潜蚀溶蚀、动水压力、水力冲刷、雾化效应、荷载作用、应力集中、水热与汽化膨胀作用、应力腐蚀作用等；汤连生等(1996，2002)、王思敬等(1996)对水－岩作用进行了较多的研究，提出了渗透作用下受压岩石宏观破裂判据，并把水－岩化学作用分为大模式溶解和小模式溶解；刘建等(2009)也对水物理作用和水化学作用效应与机制进行了研究，建立了反映水－岩物理化学作用效应的非线性弹性本构模型。同时，不少学者通过室内实验越来越认识到水－岩作用对岩石微观力学的破裂机理及内部损伤动态演化过程研究的重要性，丁梧秀等(2005)通过孔隙率的变化，从理论上探讨化学腐蚀下岩石细观结构的损伤定量研究方法；徐德敏等(2008)研究发现碱性条件更有利于水－岩化学作用的稳定性，而酸性条件则会使水－岩作用加剧；冯夏庭、王泳嘉等也从水化学腐蚀的角度对水－岩作用机理进行了研究；李根等(2012)对水岩耦合变形破坏过程及机理进行了综合分析。

6. 考虑库岸边坡干湿循环(浸泡—风干循环)作用的试验研究

近年来，一些学者逐渐开始关注库岸边坡消落带的干湿循环作用，也展开了一些有意义的研究。刘新荣等(2008)通过试验模拟了库水涨落情况下水－岩作用的过程，结果表明，砂岩的抗剪强度随着"浸泡—风干"水－岩循环作用次数的增加而降低；傅晏等(2009)、姚华彦等(2010)、姜永东等(2011)也对砂岩、页岩试样进行了干湿循环作用试验，结果表明，干湿循环对岩样造成了不可逆的渐进性损伤，经过不同次数的干燥—饱水交替作用后，弹性模量、单轴和三轴抗压强度、黏聚力、内摩擦角等都有不同程度的降低，随着干湿交替作用次数增加，其降低的幅度逐渐减小；Jeng等(2000)、Lin等(2005)研究了砂岩的水致弱化微观机制，得到单轴抗压强度随饱和度变化呈负指数关系，并对砂岩进行了干湿循环作用试验研究，发现干湿循环作用下砂岩的强度损失效应明显，孔隙率呈非线性增长；Hale等(2003)也对6种不同类型砂岩在干湿循环作用下的力学性质变化规律进行了研究；朱朝辉等(2012)对饱水—干燥循环作用过程中的砂岩试样进行了巴西劈裂试验，结果表明，砂岩在饱水—干燥循环作用下抗拉强度的降低比长期浸泡条件下更显著。

由于水－岩作用的复杂性，上述已开展的研究工作主要集中在水溶液、化学溶液浸泡后，软岩崩解、岩石力学强度衰减、弹性模量劣化等力学效应方面，综合上述研究成果可以发现：水－岩作用对岩石物理、力学性质具有明显弱化作用，而且这个弱化作用具有明显的累积性和时效性；针对库岸边坡水－岩作用的试验研究中，考虑了干湿循环作用过程后，岩样的损伤程度要比以往那些单一浸泡作用的损伤大得多。

在具体的试验研究中，针对库岸边坡岩体在水－岩作用下的劣化效应和劣化机理，较多学者采用干湿循环作用的试验方法去模拟和研究，其研究思路为库岸边坡的水－岩作用的深入研究奠定了较好的基础。但是，在试验过程中，很少考虑或比较真实地模拟库水位反复升、降变化和浸泡—风干循环作用的实际情况，往往着重于考虑干湿循环的状态，而忽略其过程，较少考虑时间效应，采用强制烘干(烘干可能会对岩石矿物成分、结构和力学性质产生影响)的试验方法，在浸泡过程中较少考虑水压力的变化，不能反映库水位大幅度升降引起的水压力变化对岩土体力学性质的影响，这与库岸边坡岩体的实际状况差别较大；而且，现实中的库岸边坡消落带岩体除了要经受浸泡—风干循环作用，库水位升、降带来的水压力变化对岩体的循环加卸载也是不可忽视的，如拱坝坝肩边坡岩体，受到拱坝反复变化的推力作用，在库水位大幅度变化时循环加卸载作用将特别明显，在经历地震作用后，库岸边坡在浸泡或者降雨作用下很容易发生失稳，也主要是跟地震作用对边坡岩体的循环损伤作用有关，因此，有必要对损伤岩体的水－岩作用机理和作用效应进行研究。

因此，本书以"库岸边坡水－岩作用"为题，详细考虑库水位反复升、降变化和浸泡—风干循环水－岩作用，对库岸边坡消落带的水－岩作用效应和作用机理进行了比较深入的研究。

1.3　研究内容和思路

1.3.1　主要研究内容

本书针对库岸边坡消落带岩体的实际赋存环境，结合国内外研究现状分析，在理论研究的基础上，采用试验的方法对库岸边坡消落带水－岩相互作用机理和作用效应深入研究。在试验过程中，同时采用多种测试方法，多参数综合分析库岸边坡消落带水－岩作用效应和作用机理。具体的研究内容如下。

(1)根据库水位变化的过程，分上升期、相对稳定期和下降期三个阶段，在理论上更加深入、全面地分析库水消落带水－岩相互作用机理，并重点分析库水位反复升、降的累积损伤机制，为后续的试验研究建立理论基础。

（2）消落带是库岸边坡稳定的敏感地带，库水对消落带岩体的长期反复作用是影响库岸边坡稳定的关键因素。因此，本书以库岸边坡消落带岩体为研究对象，重点在试验方法和试验条件方面更加真实地模拟库水位反复升、降变化和浸泡—风干循环的实际赋存环境，在水—岩作用试验过程中，考虑水压力上升、稳定、下降的变化过程，浸泡一定周期后，取出岩样让其自然风干，然后再继续浸泡，以此考虑水压力反复升、降变化和浸泡—风干循环的耦合作用。在物理、化学、力学参数测试方面主要考虑以下几个方面：

①无损检测技术的应用，在试验的过程中，每个试样的每个试验阶段都要测试超声波纵波波速和回弹值，一方面用于衡量浸泡—风干循环作用对岩石试样的损伤程度；另一方面根据力学试验结果，建立纵波波速、回弹值与岩石抗压强度、抗拉强度等力学参数之间的相关关系，据此对岩石强度进行预测，为试验荷载大小及分级加载的确定提供必要的信息。

②在力学试验中，一方面，考虑单轴、三轴抗压强度试验和劈裂抗拉强度试验等常规试验内容，并与以往干湿循环作用试验结果进行比较分析；另一方面，由于岩石的变形破坏与断裂是密切相关的，岩石强度准则的材料参数与断裂理论的断裂韧度存在特定关系，岩土工程中越来越关注岩石断裂韧度的测试，因此，在本书中设计进行了断裂韧度试验，并分析断裂韧度参数与强度参数之间的相关性。

③水—岩相互作用导致的损伤效应是一个微观向宏观逐步发展的过程，主要表现为矿物组成与结构的变化、孔隙率的增加、渗透系数的增大等，而微观结构的改变是引起岩石宏观力学性质变化的根本原因，因此，从微观层面开展浸泡—风干循环作用下岩石损伤机制研究是非常重要的，这也是本书的研究重点。

在试验方案设计中，一方面，对不同浸泡—风干循环作用次数的岩石试样的孔隙率进行测试；另一方面，通过定期对浸泡溶液的离子成分和浓度进行检测分析，确定矿物质的反应程度和反应速度，建立离子浓度变化序列表，并根据离子成分和浓度的变化，结合化学的方法分析岩石试样孔隙率的变化规律；同时，对不同浸泡—风干循环作用次数的岩石试样进行显微结构特征、矿物成分和含量分析。最后结合这三个方面的测试结果，分析浸泡—风干循环作用下砂岩的孔隙率变化规律，确定岩石组成矿物发生化学反应的类型和程度，综合分析浸泡—风干循环作用下岩石损伤劣化的微观机理。

（3）库岸边坡岩体在库水位大幅度升降变化时，其循环加卸载效应将特别明显；经历地震作用后，库岸边坡在浸泡或者降雨作用下更易发生失稳，也主要是跟地震作用对边坡岩体的损伤作用有关。因此，有必要对损伤岩体在浸泡—风干循环作用下的水—岩作用机理和作用效应进行研究，而运用循环加卸载的方法对岩石试样进行人为的损伤，是比较常用的方法，可以较好地模拟岩体内部损伤的累积。基于此，在试验研究中，一方面，对岩石试样先进行循环加卸载损伤，再进行浸泡—风干循环作用试验，研究损伤岩体的水-岩相互作用机理及力学参数变化规律；另一方面，对不同浸泡—风干循环作用次数的试样进行循环加卸载响应试验研究。

（4）根据浸泡—风干循环作用过程中砂岩的强度和变形参数劣化规律，借助于连续损伤力学和 Weibull 统计分布理论，对砂岩劣化过程进行描述，建立损伤

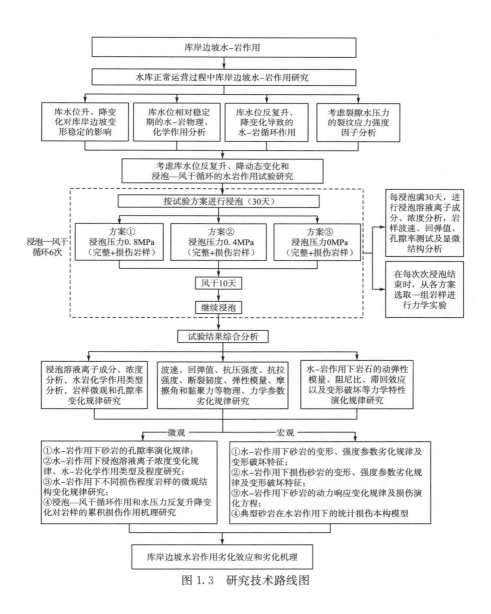

图 1.3　研究技术路线图

演化方程，将浸泡—风干循环作用的劣化效应耦合到力学损伤中，建立典型砂岩在浸泡—风干循环作用影响下的统计损伤本构模型，并与试验数据进行验证分析。

1.3.2　研究技术路线

本书采用理论分析和试验研究相结合的方法，在理论分析的基础上确定研究方案，在试验的基础上总结和归纳各种规律。首先在前期试验准备（超声波纵波波速、回弹值测试）的基础上，对岩石试样进行选择和分组，再分静水常压和静水加压两种方案对试样进行浸泡试验，定期取出试样进行风干，模拟消落带库水位反复升、降动态变化过程和浸泡—风干循环作用过程，对每个循环阶段岩石试样进行物理、力学实验和微观结构特征分析，并定期取浸泡溶液进行离子浓度分析，根据物理、化学、力学参数的变化规律和岩样的破坏形态及破坏机理综合分析库水消落带水－岩相互作用机理和作用效应，具体研究技术路线如图 1.3所示。

1.4　专用水－岩作用试验设备研制

为了满足库岸边坡水－岩作用相关课题研究的要求，研究团队在前期研究中，研究开发了专用的岩石浸泡试验仪器——YRK-1 岩石溶解试验仪，如图 1.4所示。

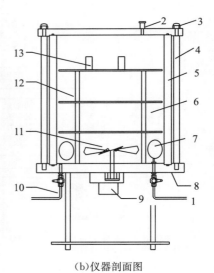

（a）仪器外观图　　　　　　　　　　　　（b）仪器剖面图

1. 压力控制系统接口；2. 放气螺栓；3. 加固螺栓；4. 加固杆；5. 有机玻璃；6. 水压力室；
7. 压力气囊；8. 底座；9. 电机；10. 水样采集口；11. 风叶轮；12. 试样托架；13. 试样

图 1.4　YRK-1 岩石溶解试验仪

该仪器可以实现岩石加压浸泡、溶液搅拌等功能。仪器由水压力室、压力控制系统及压力传感带、动静水模拟控制系统等组成。①水压力室：主要由底座、圆柱形水压力室和盖板组成，底板与盖板之间分布有八根加固螺栓，通过密封垫圈将圆柱形水压力室固定在底座和盖板之间，水压力室采用不锈钢和有机玻璃制作，以便承受较大压力，可放置长度小于 300mm 的多种规格的试样。②压力控制系统：由内部压力传导系统和外部压力控制系统组成，在水压力室底部安装一个压力传感带（压力气囊）与外部压力控制系统相接，压力传感带采用弹性较好、能承受较大压力的橡胶材料制成，该压力传感带与外部压力控制系统相连；外部压力控制系统由氮气瓶和高精度压力表以及压力传导管道组成，压力源为15MPa 的氮气瓶，通过高精度压力表将 15MPa 压力转变为 0~1.5MPa（量程范围）的压力传递到压力传感带，使压力传感带膨胀并把压力传递给水，进而控制水压力室中的水压，满足实验要求达到的压力状态，压力控制范围为0~1.2MPa。③动静水模拟控制系统：该系统由稳压电源、直流电机、叶轮组成，直流电机安装在水压力室的底板下部，通过转轴与水压力室内部的叶轮相连，可以模拟在动水状态下岩石的溶解特征，也可以模拟在静水状态下岩石的溶解特征，同时通过控制直流电机的转速进一步模拟在不同动水状态下岩石的溶解特征，与压力控制系统组合可以进一步模拟在水库库水压力状态下（具有一定的流速情况下）的岩石溶解特征，转速 20~60 转/分钟。④同时在水压力室下部设置水样采集口，通过水样分析研究岩石溶解特征。

研究团队前期运用该仪器对库岸边坡消落带典型砂岩进行了一系列水－岩作用试验研究，得到了考虑水压力升降变化和浸泡—风干耦合作用下砂岩的断裂韧度、抗压强度、抗拉强度等物理、力学参数的劣化规律，试验效果良好。

1.5 小 结

本章首先介绍了库岸边坡的实际赋存环境，分析了库岸边坡水－岩作用的研究背景和意义，并对库岸边坡变形稳定的影响因素、分析方法和库岸边坡水－岩作用研究现状进行了详细论述，然后介绍了课题组研制的水－岩作用专用仪器——YRK-1 岩石溶解试验仪，最后详细介绍了本书的主要研究内容、思路和方法。

第 2 章　水库正常运营过程中库岸边坡水－岩作用研究

　　自然界的岩体是各种矿物晶体或颗粒相互黏结或胶结在一起的聚合体，存在着裂隙裂纹等缺陷，有宏观的，也有微观的。而水是一种极性分子，是一种溶解能力很强的溶剂(梁祥济，1995)。水库蓄水以后，库水沿着岩石的孔隙、裂隙和其他软弱结构面向深部和水库四周渗透，从而改造岩体内部的裂隙和孔隙的形状，也改变岩体的强度。水－岩作用是一种微观结构变化逐步导致宏观物理力学特性变化的过程。地质灾害的发生机制与这种复杂的过程息息相关。

　　广义上讲，水－岩作用可以分为三大类：①力学作用，主要包括静水压力和动水压力作用；②化学作用，主要包括化学溶解和沉淀、水合和水解、吸附作用和离子交换、氧化－还原、脱碳酸与脱硫酸作用等；③物理作用，主要包括润滑作用、软化及泥化作用、干缩、湿胀与崩解、渗透变形、冰冻膨胀作用等。

　　水对岩体的影响包括力学作用、化学作用及物理作用，力学作用在介质的弹性范围内是可逆的，化学作用过程是不可逆的，水对岩体中充填物的溶蚀和溶解、对碳酸盐的侵蚀和潜蚀都属于化学作用；物理作用过程一般都是可逆或者部分可逆的，如软岩浸水后内摩擦角降低，失水后又逐渐恢复。水－岩作用的化学、物理和力学作用通常是不可分割的，水－岩作用的岩土体的变形破坏，通常是三类作用的综合结果，但是三类作用的时间效应不一样，在不同的阶段，各类作用所占的比例不一样。为了更清楚地分析岸坡水－岩作用的机理，这里根据每一次升、降循环过程中库水位变化的三个阶段分别进行详细讨论。

　　三峡工程竣工后，库水位将在 145m 和 175m 水位之间循环升降，岸坡部分岩土体将经受浸泡—风干的循环作用，在每一次循环过程中，根据水位的变化，可以分为三个阶段：库水位上升期、库水位相对稳定期和库水位消落期。

　　前面实际统计资料表明，库岸失稳破坏发生在库水位上升期者占 40%～49%，发生在水位消落期者约占 30%，而一些大型滑动则往往发生在库水位达到最高峰后的急剧消落时刻(王士天等，1997)。比较而言，库水位升、降变化的速率一般远大于水分子在岩体渗透扩散、水化学反应的速率，也即，力学作用效应在短时间就很快显现出来，而水－岩物理、化学作用是一个相对缓慢的过程，需要较长的时间才能逐渐表现出来。因此，在库水位升、降过程中，重点分析力学作用的影响；而在库水位相对稳定的时期，库水位变化引起的坡体内地下水位的调整基本到位，库水位变化引起的边坡岩体的荷载效应也基本趋于平衡，这个阶段主要是水－岩物理、化学作用的阶段，以往研究的水－岩相互作用通常也是指这个阶段。

2.1　库水位升、降变化对库岸边坡变形稳定的影响

库水对边坡岩体的力学作用，基本可以归纳为库水压力作用、孔隙水压力作用和超孔隙水压力扩散作用。库水压力作用，指库水重力对库区岩体的加载作用和重力作用下岩体孔隙减小引起孔隙压增高；孔隙水压力扩散作用，指库水在上升水头作用下向岩体渗透扩散，导致渗流场孔隙压力增高；库水位骤降时，坡体中地下水位的下降滞后于库水位的下降，岩体内部孔隙水压力场来不及调整，在坡体内将产生超孔隙水压力作用。孔隙水压力的"水楔"作用，推动了裂隙的扩展过程，进而破坏岩体，使边坡发生渐进性破坏。就水的力学作用对库岸边坡的稳定性而言，库水位上升和下降期是影响最大的，因此，这里主要分析库水位上升、下降期的力学作用机理。

2.1.1　库水位上升期水－岩力学作用机理分析

水在孔隙介质中形成的水压力称为孔隙压力 p，设水在介质中流动形成以水头 h 表示的渗流场，则孔隙压力为 $p=\gamma h$，孔隙压力是体积力，它作用在整个介质空间。

孔隙水压力对岩体应力状态的影响分为各向同性岩体和各向异性岩体两种状态。

（1）各向同性岩体。假定岩体服从摩尔－库仑准则，当孔隙压力为 p 时，岩体的应力状态将发生变化，有效主应力减小 p，摩尔圆向左平移，接近或达到屈服极限，如图 2.1 所示。

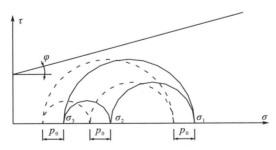

图 2.1　孔隙压力对岩体应力状态的影响（各向同性岩体）

（2）各向异性岩体。岩体中因为裂隙存在而使其在力学上具有各向异性的特点。对各向异性材料，孔隙压力作用面积系数更复杂，它不是简单地等于 1 或者

小于 1，有时候甚至大于 1，甚至为负值，三个有效主应力方向的 α 值各异，考虑孔隙水压力作用后，摩尔圆向屈服极限靠近的概率更大（张有天，2005），如图 2.2 所示。

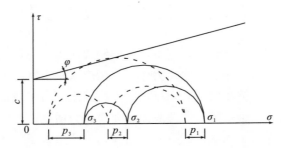

图 2.2　孔隙压力对岩体应力状态的影响（各向异性岩体）

有效应力减小后，裂隙面有效法向应力减小，抗剪强度减小。

$$\tau = c + (\sigma_n - p)\tan\varphi \tag{2.1}$$

式中，c 为黏聚力；φ 为摩擦角。

随着库水位的上升，水分子沿着裂纹、裂隙和颗粒之间接触面等结构面向岩体内部渗透，是个渗入的过程。在这个阶段，两种作用引起库岸边坡岩体孔隙压力升高：一是岩体本身的压缩变形作用，使岩体受压孔隙减小引起孔隙压力增高，发生于蓄水初期，其持续时间决定于岩体结构和渗透性；二是库水在岩体中渗流，引起流体压力的扩散（易立新等，2003）。由于孔隙水压力的增加，减小了裂纹、裂隙结构面上的有效应力，同时，由于润滑、软化作用降低了岩体的摩擦系数和黏聚力，岸坡的稳定性趋于降低。由于物理吸附是分子间的力引起的，其速率非常快，化学吸附需要活化能，吸附速率很慢，而水位上升的速率一般远大于水分子在岩体渗透扩散、水化学反应的速率，因此，这个阶段的水—岩化学作用对岩体的影响相对不是很明显，主要表现为物理、力学作用。当然，库水的入渗也改变了边坡岩体内的渗流场，破坏了原有的可能已经趋于平衡的化学场，促使新的化学损伤加速发展。

库水位作为边坡渗流场的一个边界条件，当水位上升时，如图 2.3 所示，地下水位线将随之发生变化，边坡内部渗流场将随着边界条件的变化而不断调整，这一过程伴随着坡体内部的地下水位上升。

（1）若库岸边坡岩体为不透水或隔水层，或仅有少量不连通的孔隙、裂隙，当水库蓄水位上升 h 时，库岸边坡岩体承受全部附加应力，有效应力 $\delta' = \gamma h$，超静孔隙水压力 $p = 0$。岩体有效应力引起孔隙、裂隙的压密作用，或在局部地段不连续面上由于库水入渗产生润滑作用，摩擦系数降低。蓄水荷载可看成瞬时加载，岩体的附加力学效应在短期内产生。

（2）当库岸边坡岩体透水性好时，原库水位线以下岩体由于处于饱和状态，

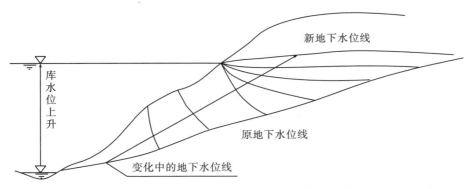

图 2.3　库水位上升期地下水位变化示意图

水库蓄水位上升瞬间，附加应力完全由地下水承担，$p = \gamma h$，在孔隙水压力作用下，水向深部岩体渗透、扩散，岩体承担压力逐渐增大，而水所承担压力逐渐减小。根据摩尔—库仑准则，岩体抗剪强度随剪切面上法向应力减小而减小，也就是说，在蓄水初期，由于孔隙水压力的突然增大，原库水位线以下岩体的抗剪强度会先降到一个较小值，随着超静孔隙压耗散和有效压力逐渐增大，岩体的抗剪强度又逐渐恢复。而对于原库水位以上的岩体，库蓄水位上升时，在水压力作用下，水向岩体深部渗漏、扩散，这一过程时间的长短，决定于变幅带岩体的渗透性，对饱和岩体，剪切面上的法向应力由孔隙压力和有效应力分担，随着孔隙水压力增大，有效应力减小，岩体抗剪强度随有效应力逐渐减小而减小。

综合上面两点可以看出，库水位上升时，原库水位线以下的岩体的抗剪强度有一个先降低到一个较小值，然后再逐渐恢复的过程；而原库水位线以上的岩体的抗剪强度随着孔隙水压力增大而逐渐减小，同时，坡内地下水位线上升，库水位线以下的岩体减为浮容重，抗滑力减小，这对于边坡滑面邻近出口段坡度较缓，依靠上部岩体自重来维持稳定的滑坡影响更为严重。综上，对于库岸边坡的安全系数变化规律，在蓄水初期边坡的安全系数会逐渐减小，当上升至某一临界水位后，边坡安全系数达到最低值，而后随着库水位的继续上升，边坡安全系数有所回弹。

在以往的计算分析中，库岸边坡的安全系数在库水位变化时也呈现出上述的规律，但是一直没有得到很好的解释。图 2.4 是文献(徐文杰等，2009)中计算的某库岸边坡稳定系数随蓄水高程的变化曲线，在库水位从 1500m 上升至 1620m 过程中，边坡的安全系数先下降后上升，最危险水位在 1590m 高程附近，应用上述的理论分析就可以很好地解释这种变化规律。

在库水位上升期，由于水压力的作用，库水向岩土体内渗透，自然界的岩体饱含各种各样的节理、裂隙，各向异性非常明显，由于岩体结构非均匀性的影响，孔隙水压力扩散使水压力峰面达到岩体中的控制结构面时，容易导致增量孔

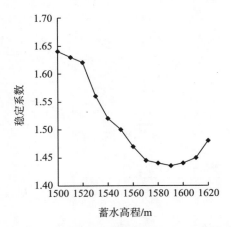

图 2.4　边坡稳定系数随蓄水高程的变化曲线

隙压力的集中，使断裂面上有效应力降低，这也是库岸边坡蓄水初期的失稳的原因之一。

　　在水库诱发库岸边坡失稳的机理讨论中，许多研究者都提起水对岩土介质的"弱化"作用，即饱和岩体的强度降低和结构面摩擦强度的降低，众多室内试验结果支持这种观点。蓄水前地下水位以下的岩体已处于饱和状态，水库蓄水地下水位升高仅影响地下水位消落带岩体的饱和状态，所以岩体饱和对强度的弱化仅限于地下水位消落带。如果消落带中存在封闭的"干燥"裂隙或结构面，当在一定压力梯度作用下充水时，孔隙压力的变化将是一个相当大的值，这个变化对于诱发库岸边坡失稳也具有重要的影响。

2.1.2　库水位下降期水—岩力学作用机理分析

　　库水位下降有两种情况：库水位骤降和缓降。水位骤降一般是指水位降落很快，坡体中地下水位的下降有相对的滞后现象；水位缓降是指在水位的降落过程中，自由面与水位降落基本上同步。

　　Schnittee 和 Zeller 将饱和渗透系数 k_s、给水度 μ 和库水位下降速度 v 的比值作为评价降落快慢的依据，通过大量的试验分析认为，当 $k_s/\mu v \leqslant 1/10$ 时，自由面（浸润线）下降非常缓慢，可以按照库水位骤降考虑；当 $k_s/\mu v \geqslant 10$ 时，渗流自由面与库水位同步下降，渗流对稳定性没有影响；当 $1/10 < k_s/\mu v < 10$ 时，可按缓降考虑（刘新喜，2005a）。如果水位下降的速度很慢，或者库岸岩体渗透系数较大，地下水位随库水位下降速度较快，渗流浸润线位差不大，对边坡的稳定性影响相对要小得多。

　　当库水位骤降时，由于坡体内部孔隙水压力不能及时消散，从而使地下水位下降过程与库水位下降呈现滞后现象。如图 2.5 所示，在库水位下降过程中，可将库水作用范围内的库岸边坡分为三段：第①段即初始高水位时的地下水位线和骤降后某一时刻地下水位线之间的坡段，该段坡面水压力为 0，岩体内的超孔隙水压力已经基本消散；第②段即为水位骤降后某一时刻地下水位线与骤降后的库水位之间的坡段，该段坡面水压力为 0，岩体内的超孔隙水压力没有完全消散，而且越接近骤降后的库水位线，超孔隙水压力越大；第③段为骤降后库水位线以下的坡段，该段坡面水压力减小 $\gamma_w h$（h 为骤降的水位高差），岩体内的超孔隙水压力也是逐渐消散的。而且经过浸泡作用的岩体强度参数降低，这些因素将对边坡的稳定性带来不利影响，因此，很多库岸边坡的失稳发生在库水位大幅度消落时。

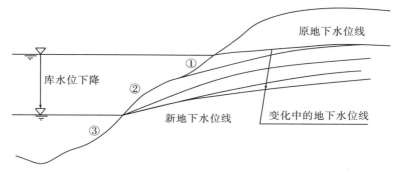

图 2.5   库水位上升期地下水位变化示意图

综合上面的分析可以看出，在库水位骤降过程中，初始高水位下坡面的水压力迅速减小，由于坡体中地下水位下降的滞后现象，边坡岩体内产生超孔隙水压力，随着水位的下降，总体的向坡外的超孔隙水压力逐渐增大，在某一时刻会达到一个较大值，而后，随着超孔隙水压力的消散，总体的超孔隙水压力会逐渐减小，对应到库水位骤降工况下边坡的稳定分析时，边坡的安全系数首先逐渐下降，达到一个较小值，然后又逐渐上升，对于这个调整过程需要的时间，主要与边坡岩体的透水性和水位骤降的速度有关。因此，水位骤降诱发的库岸边坡变形破坏，失稳的时刻并非仅发生在骤降过程终止时刻，而很可能发生在水位骤降过程中的某一时刻，这也能很好地解释国内外一些水位骤降诱发的滑坡。

2.1.3   库水位升、降变化时典型库岸滑坡稳定性分析

为了验证前面关于库水位升、降变化对库岸边坡稳定性影响的理论分析，选用了三峡库区的一个典型库岸边坡进行计算分析，如图 2.6 和图 2.7 所示，该边坡位于长江右岸，距三峡大坝坝址 56km，地属湖北省秭归县沙镇溪镇，大地坐标：东经 $110°30'26.9''$，北纬 $31°01'53.9''$。滑坡后缘至高程 432m 山包鞍部，前缘至江中 135m 高程，左右以冲沟为界。滑坡平面形态呈靴形，剖面形态呈阶

状，坡度 25°左右。滑坡宽 400m，纵长 1000m，面积 40 万 m^2。表层堆积体平均厚度 20m，体积约 800 万 m^3。

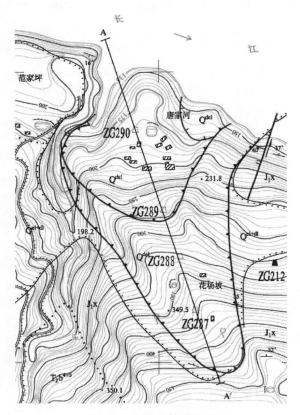

图 2.6　滑坡整体分布图

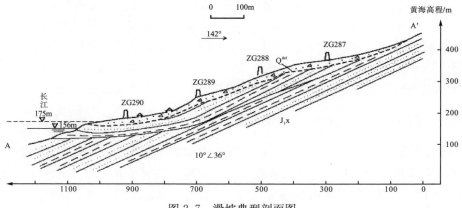

图 2.7　滑坡典型剖面图

　　该滑坡为一古滑坡，滑坡物质为侏罗系下统香溪组层状石英砂岩，如图 2.6 所示，岩层倾角 25°～30°，该滑坡中存在两个滑面，一个是表层的土石混合体堆积体沿基覆界面的滑动，厚度约 20m，剪出口高程 168m 左右；另一个是古滑面，滑面顺地层发育，与基岩产状基本一致，滑坡前缘高程 118m 左右，库区水位达到三期蓄水线 135m 时，将超过前缘高程 17m 左右，滑坡体前缘岩土体在浸泡作用下处于饱和状态，一方面岸坡的受力条件将发生变化，库水的浮托效应将减小滑坡体的抗滑能力，另一方面也会改变岩土体的内部结构，滑坡岩土体材料的力学参数降低，抗滑能力进一步降低。

　　在考虑库水位升、降变化对其稳定性影响时，选取深层顺层基岩面滑动为分析对象，考虑库水位一个升、降变化循环：145m→175m→145m，库水位的升、降变化速率取 2m/d。具体计算结果如图 2.8 所示。

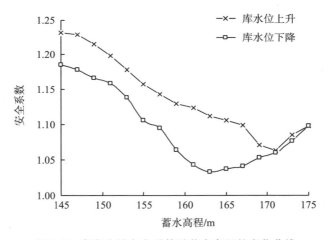

图 2.8　库岸边坡安全系数随蓄水高程的变化曲线

　　从图 2.8 可以看出，在库水位从 145m 上升至 175m 的过程中，边坡的安全系数随着库水位的上升先减小后增大，库水位上升至 171m 时，安全系数达到最小值，而后又逐渐增大；在库水位从 175m 下降至 145m 的过程中，边坡的安全系数随着库水位的下降先减小后增大，库水位下降至 163m 时，安全系数达到最小值，而后又逐渐增大。

2.2　库水位相对稳定期的水－岩物理、化学作用分析

　　在库水位相对稳定的时期，库水位变化引起的坡体内地下水位的调整基本到位，库水位变化引起的边坡岩体的荷载效应也基本趋于平衡，这个阶段主要是水－岩物理、化学作用的阶段，以往研究的水－岩相互作用通常也是指这个阶段。在这个阶段，主要发生溶解、扩散、沉淀、离子交换等各种水－岩物理、化学反应。

1. 溶解作用

由于岩体是矿物的聚合体，水分子沿着岩体中的微裂纹、微裂隙和颗粒之间接触面等结构面往岩体内部渗透，矿物颗粒及胶结物发生溶解和化学迁移。岩体中矿物的溶解和扩散是同时由水分子扩散及化学反应（反应物和/或生成物的吸附－解吸作用）控制的。由水分子扩散所控制的矿物溶解既发生在矿物－溶液界面上，也发生在滞留的薄膜水中或表部的孔隙层中，表部孔隙层可以是溶解的残留层，也可以是次生相（氧化物、氢氧化物和黏土矿物……）沉淀时在原始矿物表面上新形成的层。

2. 沉淀作用

水－岩化学作用下，矿物质发生化学变化，可能生成两类盐，一类是可溶性盐，如钙、钠、镁的碳酸盐、氯化物和硫酸盐等，这类矿物质的流失可能直接使岩石力学性质变坏；另一类就是难溶盐，形成结晶物沉淀于岩石颗粒的表面或裂纹、孔隙及裂隙等缺陷上，充填孔隙和裂缝，初期这种沉淀物和结晶对岩石（体）的力学性质是有正的力学效应的，但是这种盐的晶体随着时间的推移体积会逐渐增大，以致产生结晶压力，促使裂纹、孔隙进一步发展，进而改变岩石（体）的微观结构，弱化岩石（体）强度，也即产生负的力学效应。

如图 2.9 所示，Lasaga(1981，1984，1994)把岩石中矿物的溶解过程分为扩散、吸附、表面反应、解吸和扩散五个步骤。水－岩作用的溶解和沉淀的速率和方向主要取决于矿物的和胶结物的成分及其亲水性、裂纹裂隙的发育情况、水溶液的成分及化学性质、流动速度和温度、渗透速率和扩散速率等因素。根据渗透速率与水－岩反应中的扩散速率大小关系的不同，分为水－岩反应的大模式和水－岩反应的小模式(Dunning 等，1984)。

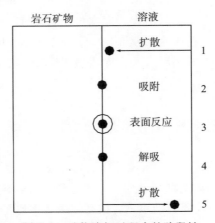

图 2.9　矿物溶解过程中的阶段性

3. 润滑、软化、渗透变形作用

在微观结构上，岩石是由矿物颗粒黏结在一起组成的，包含大量裂隙、孔隙和细微裂隙。水－岩物理、化学作用对岩体的作用是一种复杂的应力过程，是一种从微观结构的变化导致其宏观力学性质改变的过程，润滑作用指库水向岩体内部渗透时，矿物颗粒间接触面或胶结物的润滑、软化作用降低颗粒接触面摩擦因数和黏聚力，对于含遇水易膨胀矿物的岩体，这种作用更加明显；同时，在动水压力的作用下，边坡中某些岩体破碎带和软弱结构面中以及岩、土体接触面上或者矿物颗粒自由表面上物质的冲刷、扩散和传输等作用产生的次生孔隙率，使岩土体产生渗透变形，进而强度降低。

如图 2.10 所示，Raj 和 Ashby(1971)建立了岩石颗粒锯齿状边缘滑动模型，考虑了岩体中矿物的溶解、扩散和沉淀等因素的影响，认为水－岩物理、化学作用使得颗粒间接触边缘锯齿状或不规则状趋于变成圆滑状，从而使锯齿部分的强度下降，进而使岩石的黏聚力和内摩擦角下降，宏观上表现为岩石强度降低。

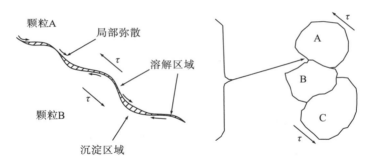

图 2.10　岩石颗粒锯齿状边缘滑动模型

从能量的观点来讲，水－岩化学作用的过程，实际上是岩体矿物的能量平衡过程。在矿物表面分布着众多的缺陷($10^4 \sim 10^{10}$个·cm^{-2})(丁抗，1989)，在这些缺陷位上，存在着过剩应力能，吸附将优先发生在这些活化位上，活跃的化学成分的吸收将导致固体表面能的减少，当达到一个临界值时，矿物的晶格将要被破坏释放出来，形成新的表面能区域，宏观上来讲也就是岩石内部的微观裂隙扩展，当然这个过程需要外界水溶液的扩散和化学成分的不断补充。

2.3　库水位反复升、降变化导致的浸泡—风干循环水－岩作用

在库水位大幅度变化情况下，岸坡边坡部分岩土体周期性处于疏干和饱和状态，地下水时而受库水补给，时而排出，地下水位也作相应的涨落，环境渗流场

的改变，不仅会改变水－岩作用中的溶解模式及强度，而且反复改变溶解—沉淀方向，加剧了水－岩反应，使岩体不断产生新的物理、化学损伤，导致岩体的强度剧减。这也正是库水位变化、暴雨或工程活动频繁引发地质灾害（如滑坡）的原因。

水－岩化学作用的过程，使岩石的内聚能不断减少，最终达到岩石最低的能量状态。岩石之所以发生这一过程，是因为它遵循了自然规律，即获得与周围环境相适应的内部结构（Made 等，1993）。岩石在外部能量（化学、机械和生物过程等）的不断作用下，总是通过各种反应向着与周围环境相适应的平衡态调整。岩体矿物在与水溶液反应过程中，在主要矿物溶解的同时，一方面发生离子交换，生成次生矿物，释放出各种离子，另一方面在平衡或过饱和时便形成次生矿物的沉淀，同时，如果在一定区域和时间内，溶液的浓度和成分趋于稳定时，就会达到一种趋于平衡的状态，上述提到的各种反应都会趋于缓慢。运用 Lasaga 模型、Raj 和 Ashby 模型及能量的观点，可以较好地解释单向的矿物溶解、扩散过程，以及水－岩作用对岩体力学性质产生影响的机理，但是不能反映水－岩循环的动态变化作用的影响，也不能反映损伤效应累积的过程。

为了更清楚地分析变幅带水－岩循环作用的机理，我们根据每一次循环过程中水位变化的三个阶段进行分析。

（1）库水位上升期。这个阶段主要是随着库水位的上升，水分子沿着岩体中的微裂纹、微裂隙和颗粒之间接触面等结构面向岩体内部渗透，是个渗入的过程。由前面的分析已知，在这个阶段，由于孔隙水压力的增加，减小了裂纹、裂隙结构面上的有效正应力，同时，由于润滑、软化作用降低了岩体的摩擦系数和黏聚力，库岸边坡的岩体稳定性降低。但是，由于物理吸附是由分子间的力引起的，其速率非常快，化学吸附需要活化能，吸附速率很慢，而库水位上升的速率一般远大于水分子在岩体渗透扩散、水化学反应的速率，因此，这个阶段的水－岩化学作用对岩体的影响相对不是很明显，主要表现为力学作用。当然，库水位的上升，也改变了边坡岩体内的渗流场，破坏了原有的可能已经趋于平衡的水－岩化学场，促使新的物理、化学损伤加速发展。

（2）库水位相对稳定期。在库水位相对稳定的时期，由库水位变化引起的坡体内地下水位的调整基本到位，由库水位变化引起的边坡岩体的荷载效应也基本趋于平衡，这个阶段主要是水－岩物理、化学反应的阶段，以往研究的水－岩物理、化学损伤作用通常也是指这个阶段。在这个阶段，水－岩发生溶解、扩散、沉淀、离子交换等各种水化学反应，在环境渗流场和荷载变化不大的情况下，水化学反应逐渐趋于平衡。后面的水岩浸泡试验的结果也证明，在浸泡的前期，岩体强度下降速率较快，而在后期下降速率逐渐趋于缓慢。

这个阶段的水－岩物理、化学作用，基本可以用 Lasaga 模型、Raj 和 Ashby

模型进行描述，但溶解和沉淀的速率与方向对作用结果的影响很大，我们需要加以区别。如果水溶液在岩体中的渗透速率大于水－岩反应的扩散速率，溶解过程遵循扩散→吸附→表面反应→解吸→扩散/沉淀模式，水－岩反应的速率由渗透速率控制；当渗透速率小于水－岩反应的扩散速率时，水－岩反应的速率由扩散速率控制。在这个阶段，水－岩反应产生的不可溶性盐的沉淀和可溶性盐的结晶，都可能会在很大程度上削弱岩体的强度。

（3）库水位消落期。在库水位消落时，随着库水位的下降，坡体内地下水位线下降，岩体内的水外渗，由于坡体内部孔隙水压力不能及时消散，会形成超孔隙水压力，一方面会使岩土体产生渗透变形；另一方面会使水－岩物理、化学作用产生的矿物颗粒和化学物质沿着腐蚀的裂纹、孔隙、颗粒间接触面外渗，产生新的次生孔隙，为下一次的水－岩物理、化学作用提供更多新的反应表面。

（4）浸泡—风干水－岩循环作用的影响。岩体内部往往存在着大量弥散分布的细观缺陷，岩石（体）的结构，如节理、裂隙及裂纹分布区，尤其是裂隙尖端的塑性区，是水－岩物理、化学作用和渗透作用的活跃带，库水位的升降循环过程，是对库岸边坡岩体损伤的一次次累积，一次库水位的上升，库水入渗，促使水－岩物理、化学作用的产生，岩体渗透、水化学综合作用加剧了岩体裂隙相互作用及裂隙聚集效应，一次库水的下降，产生更多新的次生孔隙，而裂隙的聚集、扩展又为水化学作用和渗透提供了更有利的环境，为下一次水－岩物理、化学作用提供更多的反应表面。

这个循环过程就逐渐导致岩体内的细微观裂隙的集中化及扩展，以及向宏观裂纹、裂隙的转变，在宏观裂纹、裂隙形成以后，水－岩物理、化学作用愈加强烈，其细观的损伤不断演化，推动宏观缺陷的发展，而宏观裂纹在扩展过程中所引起的细观损伤区域，是水－岩化学作用强烈的区域。如果在这个过程中考虑不可溶性盐的沉淀和可溶性岩的结晶、干缩湿胀、崩解等其他作用，岩体的累积损伤将会更加严重。后面章节的试验研究也发现，考虑这种浸泡—风干的循环作用时的岩体的损伤程度要比以往那些单一水岩浸泡损伤大得多。

这一点我们也可以从一些岸坡的岩体实际破坏现象中得到印证，图 2.11 是一组摄于 2013 年 7 月的三峡库区典型岸坡消落带岩体破坏的照片。

从图中可以看出，从 2008 年试验性蓄水（实际蓄至 172.8m）以来，在短短几年时间内，在 145～175m 库水消落带区域，已经几乎不存在植被，岩体纵横裂缝、裂隙充分发育，张开度较大，呈分层崩解、破碎趋势，而且这种破坏呈逐渐发展趋势，说明库水位的大幅度升降变化对岸坡的水－岩作用有较大的促进作用。

图 2.11 典型岸坡消落带岩体破坏图

综合上述分析，可以把水库正常运营过程中库岸边坡水-岩作用机制概括为以下五个方面：一是力学弱化机制，裂隙水压力的增加，减小了裂纹、裂隙结构面上的正应力；二是局部应力集中机制，自然界的岩体饱含各种各样的节理、裂隙，各向异性非常明显，由于岩体结构非均匀性的影响，裂隙水压力扩散使水压力峰面达到岩体中的控制结构面时，容易导致局部应力和增量孔隙压力的集中，如果岩体中存在封闭的"干燥"裂隙或结构面，当在一定压力梯度作用下充水时，孔隙压力的变化将是一个相当大的值，这个变化对诱发库岸边坡失稳具有重要的影响；三是物理弱化机制，水分子沿着岩体中的微裂纹、微裂隙和颗粒之间接触面等结构面在岩体内部渗透，水的润滑、软化作用降低岩体的摩擦系数和黏聚力；四是化学弱化机制，主要包括化学溶解和沉淀、水合和水解、吸附作用和离子交换、氧化-还原、脱碳酸与脱硫酸作用等，产生次生矿物，引起岩体内部结构、孔隙率的变化；五是浸泡—风干循环作用累积损伤机制，库水位的升、降循环过程，是对库岸边坡岩体损伤的一次次累积，岩体内部往往存在着大量弥散分布的细观缺陷，这个循环过程逐渐导致岩体内的细微观裂隙的集中化及扩展，以及向宏观裂纹、裂隙的转变，在宏观裂纹、裂隙形成以后，水-岩物理、化学作用愈加强烈，其细观的损伤不断演化，推动宏观缺陷的发展，而宏观裂纹在扩展过程中所引起的细观损伤区域，是水-岩化学作用强烈的区域。

2.4　考虑裂隙水压力的裂纹应力强度因子分析

当库水位大幅度升、降，库岸边坡岩层中存在不连续的裂纹、裂隙、结构面时，在荷载作用下，岩体中的孔隙水压力增加，使岩体中裂纹面裂纹尖端的应力强度因子增加，当达到临界应力强度因子时，可能使岩层内裂纹、裂隙贯通、扩展、破坏，形成连续的复式破坏面，从而使边坡稳定性降低，造成库岸边坡的失稳，因此，有必要重点分析裂隙水压力对岩体断裂力学特性的影响。以往的研究表明，这类断裂形式多属于压剪状态，裂缝处一般处于 $K_{\text{I}} < 0$ 的 $K_{\text{I}} \sim K_{\text{II}}$ 复合压剪状态。

在库水位的上升过程中，假设边坡岩体中某一处裂纹的水头为 h，则裂隙水压力 $p = \gamma h$。此处假定岩块本身不透水，取裂纹所在"无限大"板单元为研究对象，如图 2.12 所示，σ_1 为最大压应力，σ_3 为最小压应力，斜裂纹与最大主应力夹角为 α，则作用在裂纹平面上的正应力和剪应力分别为

$$\sigma_\alpha = \frac{1}{2}\big[(\sigma_1 + \sigma_3) - (\sigma_1 - \sigma_3)\cos 2\alpha\big] \tag{2.2}$$

$$\tau_\alpha = \frac{1}{2}(\sigma_1 - \sigma_3)\sin 2\alpha \tag{2.3}$$

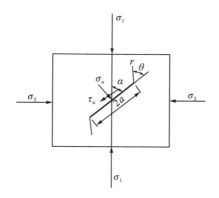

图 2.12　含单裂纹岩体单元双轴压缩示意图

根据断裂力学知识可知，裂纹尖端应力强度因子 K_{I}、K_{II} 分别为：

$$K_{\text{I}} = -\sigma\sqrt{\pi a} \tag{2.4}$$

$$K_{\text{II}} = \tau\sqrt{\pi a} \tag{2.5}$$

式中，σ 和 τ 分别为裂纹面上的正应力和剪应力；a 为裂纹半长；式(2.4)中的负号表示裂纹在压应力作用下裂纹尖端应力强度因子 K_{I} 为负值。

2.4.1　水压力作用下裂纹 I 型应力强度因子

考虑库水位上升，裂纹处裂隙水压力 $p = \gamma h$ 时，裂纹面上的有效正应力 σ 为

$$\sigma = \sigma_a - \gamma h = \frac{1}{2}\big[(\sigma_1 + \sigma_3) - (\sigma_1 - \sigma_3)\cos 2\alpha\big] - \gamma h \tag{2.6}$$

将式(2.6)代入式(2.4)，可得考虑裂隙水压力裂纹处尖端 I 型应力强度因子：

$$K_{\mathrm{I}} = -\sigma\sqrt{\pi a} = -\left\{\frac{1}{2}\big[(\sigma_1 + \sigma_3) - (\sigma_1 - \sigma_3)\cos 2\alpha\big] - \gamma h\right\}\sqrt{\pi a}$$

$$= -\left[\frac{1}{2}(1 - \cos 2\alpha)\sigma_1 + \frac{1}{2}(1 + \cos 2\alpha)\sigma_3 - \gamma h\right]\sqrt{\pi a} \tag{2.7}$$

从式(2.6)和式(2.7)可以看出，考虑水位上升后，裂隙水压力增大，裂纹面上的有效正应力减小，裂纹处尖端应力强度因子 K_{I} 增大，由式(2.7)可知，当 h 满足下式时，$K_{\mathrm{I}} = 0$，则有

$$h = \frac{1}{2}\big[(\sigma_1 + \sigma_3) - (\sigma_1 - \sigma_3)\cos 2\alpha\big]/\gamma \tag{2.8}$$

当裂隙水压力继续增大，裂纹面将处于拉应力状态，起到了劈裂裂纹的"楔入"作用，使岩体产生渐进性破坏，当 $K_{\mathrm{I}} = K_{\mathrm{IC}}$ 时，裂纹扩展，此时临界水头为

$$h_{\max} = \frac{2K_{\mathrm{IC}}/\sqrt{\pi a} + \big[(\sigma_1 + \sigma_3) - (\sigma_1 - \sigma_3)\cos 2\alpha\big]}{2\gamma} \tag{2.9}$$

2.4.2　水压力作用下裂纹 II 型应力强度因子

1. 裂纹未闭合

裂纹未闭合时，裂纹不存在接触面上的剪应力，裂隙水压力对裂纹面上剪切应力没有影响，此时 $\tau = \tau_a$，裂纹处尖端应力强度因子 K_{II} 为

$$K_{\mathrm{II}} = \tau\sqrt{\pi a} = \frac{1}{2}(\sigma_1 - \sigma_3)\sin 2\alpha\sqrt{\pi a} \tag{2.10}$$

2. 裂纹闭合

裂纹闭合时，裂隙水压力将在裂纹面上产生反方向的剪应力为

$$\tau_w = c + (\sigma_a - \gamma h)\tan\varphi \tag{2.11}$$

裂纹面上有效剪应力 τ 为 τ_a 减去饱和后剪切面上的反向剪应力 τ_w，即

$$\tau = \tau_a - \tau_w = \frac{1}{2}(\sigma_1 - \sigma_3)\sin 2\alpha - \big[c + (\sigma_a - \gamma h)\tan\varphi\big]$$

$$= \frac{1}{2}(\sigma_1 - \sigma_3)\sin 2\alpha - \left\{c + \left[\frac{(\sigma_1 + \sigma_3)}{2} - \frac{(\sigma_1 - \sigma_3)}{2}\cos 2\alpha - \gamma h\right]\tan\varphi\right\} \tag{2.12}$$

把式(2.12)代入式(2.5)，可得裂纹闭合时，裂纹处尖端应力强度因子 K_{II} 为

$$K_{\text{II}} = \tau \sqrt{\pi a}$$

$$= \left\{ \frac{1}{2}(\sigma_1 - \sigma_3)\sin 2\alpha - \left[c + \left(\frac{\sigma_1 + \sigma_3}{2} - \frac{\sigma_1 - \sigma_3}{2}\cos 2\alpha - \gamma h \right)\tan\varphi \right] \right\} \sqrt{\pi a}$$

$$= \left[\frac{1}{2}(\sin 2\alpha + \cos 2\alpha \tan\varphi - \tan\varphi)\sigma_1 \right.$$

$$\left. - \frac{1}{2}(\sin 2\alpha + \cos 2\alpha \tan\varphi + \tan\varphi)\sigma_3 + \gamma h \tan\varphi - c \right] \sqrt{\pi a} \qquad (2.13)$$

从式(2.10)和式(2.13)可以看出,对于未闭合的裂纹,裂隙水压力对裂纹尖端的应力强度因子 K_{II} 没有影响;对于闭合裂纹,裂隙水压力抵消了裂纹面上一部分正应力,减少摩阻力,并且随着裂隙水压力的增加, K_{II} 增大。

考虑水—岩浸泡—风干长期循环作用时,岩体的粘聚力 c 和摩擦角 φ 是随时间逐渐降低的,这也是后面试验主要研究的内容,设 $c = c_n$, $\varphi = \varphi_n$,分别代入上面推导的裂纹尖端应力强度因子 K_{I} 、 K_{II} ,即可考虑水—岩长期作用的效果。

2.4.3　考虑水压力作用的 Ⅰ~Ⅱ 型复合裂纹扩展研究

关于 Ⅰ~Ⅱ 型复合裂纹扩展规律,以往的研究已经较多,但很少考虑水压力的作用,或者仅考虑张开裂纹的水压力作用,但是,自然界岩体中存在的各级结构面、裂缝、裂纹等内部缺陷,经过长期的地质、风化、溶蚀、沉淀等作用,裂隙、结构面往往都包含充填物,而且,含微裂纹的岩体受压剪联合作用时,在受压应力作用下,微裂纹趋于闭合,形成摩擦阻力,阻止裂纹面的相对滑移和裂纹扩展。因此,有必要对考虑水压力作用的 Ⅰ~Ⅱ 型复合裂纹扩展规律进行详细的研究。

根据最大周向应力判据,可得 Ⅰ~Ⅱ 型复合裂纹应力强度因子的关系为

$$K_{\text{I}}\sin\theta + K_{\text{II}}(3\cos\theta - 1) = 0 \qquad (2.14)$$

把式(2.7)、式(2.10)和式(2.7)、式(2.13)分别代入式(2.14),可得张开、闭合裂纹在考虑水压力作用下的裂纹扩展规律。

(1)裂纹未闭合:

$$\frac{3\cos\theta - 1}{\sin\theta} = \frac{(1 - \cos 2\alpha)\sigma_1 + (1 + \cos 2\alpha)\sigma_3 - 2\gamma h}{(\sigma_1 - \sigma_3)\sin 2\alpha} \qquad (2.15)$$

(2)裂纹闭合:

$$\frac{3\cos\theta - 1}{\sin\theta} = \frac{(1 - \cos 2\alpha)\sigma_1 + (1 + \cos 2\alpha)\sigma_3 - 2\gamma h}{(\sin 2\alpha + \cos 2\alpha \tan\varphi)(\sigma_1 - \sigma_3) - \tan\varphi(\sigma_1 + \sigma_3) + 2(\gamma h \tan\varphi - c)}$$

$$(2.16)$$

从式(2.15)和式(2.16)可以看出, Ⅰ~Ⅱ 型复合裂纹的裂纹扩展角 θ 的变化,不仅与斜裂纹倾角 α 、双向应力大小有关,还与裂隙水压力的大小有关,据此,考虑不同的裂隙水压力、斜裂纹倾角 α 和双向应力大小,绘制裂纹扩展角 θ 的变化规律图,如图 2.13~图 2.15 所示。

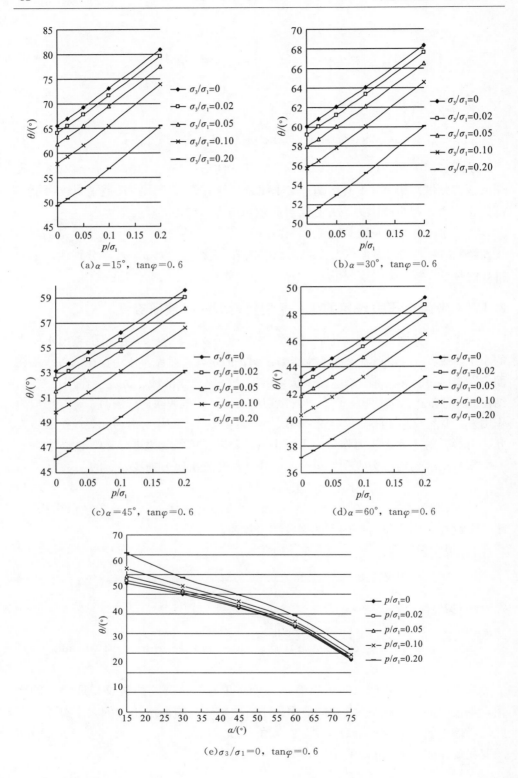

(a)$\alpha=15°$，$\tan\varphi=0.6$

(b)$\alpha=30°$，$\tan\varphi=0.6$

(c)$\alpha=45°$，$\tan\varphi=0.6$

(d)$\alpha=60°$，$\tan\varphi=0.6$

(e)$\sigma_3/\sigma_1=0$，$\tan\varphi=0.6$

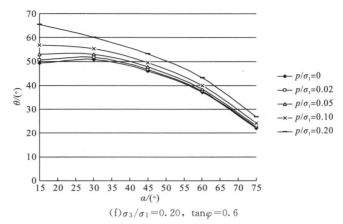

(f)$\sigma_3/\sigma_1=0.20$，$\tan\varphi=0.6$

图 2.13　裂隙水压力作用下未闭合裂纹扩展规律

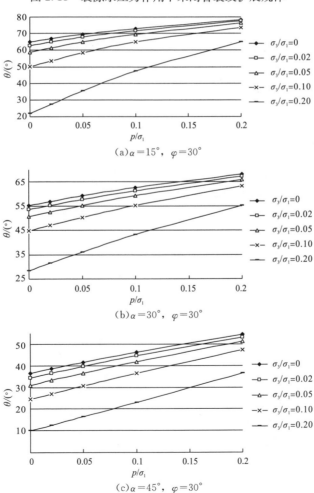

图 2.14　裂隙水压力作用下闭合裂纹扩展规律

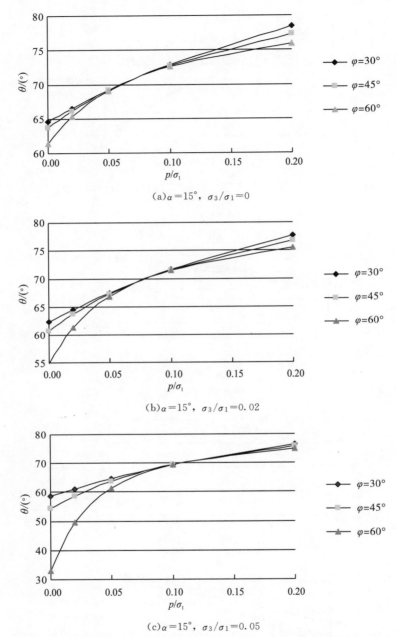

(a)$\alpha=15°$，$\sigma_3/\sigma_1=0$

(b)$\alpha=15°$，$\sigma_3/\sigma_1=0.02$

(c)$\alpha=15°$，$\sigma_3/\sigma_1=0.05$

图 2.15　摩擦角变化时裂隙水压力作用下闭合裂纹扩展规律

　　从图 2.13(a)～(f)可以看出，未闭合裂纹在双轴压缩状态下，当裂纹倾角 α 和 σ_3/σ_1 固定时，扩展角 θ 随 p/σ_1 的增大而增大；当裂纹倾角 α 和 p/σ_1 固定时，扩展角 θ 随 σ_3/σ_1 的增大而减小，单轴压缩作用时扩展角 θ 取得最大值；当 p/σ_1 和 σ_3/σ_1 固定时，扩展角 θ 随着裂纹倾角 α 的增大而减小；σ_3/σ_1 越小，扩展角 θ

减小的趋势越明显；p/σ_1 越大，扩展角 θ 减小的趋势越明显。

从图 2.14(a)～(c)可以看出，闭合裂纹在双轴压缩状态下，当裂纹倾角 α 和 σ_3/σ_1 固定时，扩展角 θ 随 p/σ_1 的增大而增大，但是其增加幅度要小于未闭合裂纹的情况，而且当 σ_3/σ_1 较大时，扩展角 θ 随 p/σ_1 的增大而快速增加；当裂纹倾角 α 和 p/σ_1 固定时，扩展角 θ 随 σ_3/σ_1 的增大而减小，单轴压缩作用时扩展角 θ 取得最大值，而且当 p/σ_1 越小时，σ_3/σ_1 变化引起的扩展角 θ 变化幅度越大。

为了分析摩擦角 φ 变化对裂纹的扩展角 θ 的影响，考虑 $30°$、$45°$ 和 $60°$ 三种摩擦角情况，裂纹扩展规律如图 2.15 所示。

从图 2.15 可以看出，当裂纹倾角 α 和 σ_3/σ_1 固定时，裂纹的扩展角 θ 随着 p/σ_1 的增大而增大，摩擦角 φ 越小，扩展角 θ 越大，当 p/σ_1 较小时，不同摩擦角 φ 引起的扩展角 θ 差别较大，随着 p/σ_1 的增大，裂隙水压力抵消更多的法向正应力，扩展角 θ 差别逐渐减小，在 σ_3/σ_1 较大的时候，这个趋势更加明显。

2.4.4　考虑裂隙水压力的岩体压剪断裂判据

岩体断裂力学在工程中应用的有效性在很大程度上取决于断裂判据的适用程度，国内外学者对岩石的断裂准则研究取得了较多的成果，比较常用的如应变能密度准则、能量释放率准则、最大周向应力准则、最大拉应变断裂准则、双剪统一强度理论裂纹断裂准则等，李建林等提出了基于霍克－布朗准则的断裂准则；李洪升等基于冻土的微裂纹损伤区提出了摩尔－库仑准则和最大拉应力准则的断裂判据。但是在这些研究中很少考虑裂隙水压力作用，基于前面的分析，推导了考虑裂隙水压力的基于摩尔－库仑准则的岩体闭合裂纹的压剪断裂判据。

受到压剪作用时，裂纹尖端的应力在极坐标中可用下式表示：

$$
\begin{cases}
\sigma_r = \dfrac{1}{2\sqrt{2\pi r}}\left[K_{\mathrm{I}}(3-\cos\theta)\cos\dfrac{\theta}{2} + K_{\mathrm{II}}(3\cos\theta-1)\sin\dfrac{\theta}{2}\right] \\[2mm]
\sigma_\theta = \dfrac{1}{2\sqrt{2\pi r}}\cos\dfrac{\theta}{2}\left[K_{\mathrm{I}}(1+\cos\theta) - 3K_{\mathrm{II}}\sin\theta\right] \\[2mm]
\tau_{r\theta} = \dfrac{1}{2\sqrt{2\pi r}}\cos\dfrac{\theta}{2}\left[K_{\mathrm{I}}\sin\theta + K_{\mathrm{II}}(3\cos\theta-1)\right]
\end{cases}
\tag{2.17}
$$

假设：①裂纹沿裂纹面的最不利抗剪组合扩展；②当剪应力达到起裂的临界值时，裂纹开始扩展。

为了确定开裂角 θ_0，由 $\partial\sigma_\theta/\partial\theta = 0$ 得

$$
\cos\dfrac{\theta}{2}\left[K_{\mathrm{I}}\sin\theta + K_{\mathrm{II}}(3\cos\theta-1)\right] = 0
\tag{2.18}
$$

设 $\theta=\theta_0$ 满足上式的要求，则有

$$
\sigma_1 = (\sigma_\theta)_{\max} = \dfrac{1}{2\sqrt{2\pi r}}\cos\dfrac{\theta_0}{2}\left[K_{\mathrm{I}}(1+\cos\theta_0) - 3K_{\mathrm{II}}\sin\theta_0\right]
\tag{2.19}
$$

$$\sigma_3 = (\sigma_r)_{\min} = \frac{1}{2\sqrt{2\pi r}}\Big[K_{\mathrm{I}}(3-\cos\theta_0)\cos\frac{\theta_0}{2} + K_{\mathrm{II}}(3\cos\theta_0-1)\sin\frac{\theta_0}{2}\Big]$$
$$(2.20)$$

根据假设，裂纹沿裂纹面最不利抗剪组合扩展，可按摩尔—库仑理论处理。

$$|\tau| - \sigma\tan\varphi = S_0 \qquad\qquad (2.21)$$

式中，σ 和 τ 分别为裂纹面上的正应力和剪应力；S_0 为岩体的固有剪切强度参数；$\tan\varphi$ 为裂纹面上的摩擦系数。

把式(2.6)、式(2.12)代入式(2.21)，得

$$\begin{aligned}|\tau| - \sigma\tan\varphi &= \frac{(\sigma_1-\sigma_3)}{2}\sin2\alpha - \Big[\frac{(\sigma_1+\sigma_3)}{2} - \frac{(\sigma_1-\sigma_3)}{2}\cos2\alpha - \gamma h\Big]\tan\varphi \\ &= \frac{(\sigma_1-\sigma_3)}{2}(\sin2\alpha + \cos2\alpha\tan\varphi) - \frac{(\sigma_1+\sigma_3)}{2}\tan\varphi + \gamma h\tan\varphi\end{aligned}$$
$$(2.22)$$

上式对 α 求导，可得($|\tau| - \sigma\tan\varphi$)的最大值为

$$(|\tau| - \sigma\tan\varphi)_{\max} = \frac{(\sigma_1-\sigma_3)}{2}(1+\tan\varphi)^{\frac{1}{2}} - \frac{(\sigma_1+\sigma_3)}{2}\tan\varphi + \gamma h\tan\varphi$$
$$(2.23)$$

若 $|\tau| - \sigma\tan\varphi < S_0$，则岩体不会发生破坏；若 $|\tau| - \sigma\tan\varphi = S_0$，则处于破坏临界状态，即

$$\frac{(\sigma_1-\sigma_3)}{2}(1+\tan\varphi)^{\frac{1}{2}} - \frac{(\sigma_1+\sigma_3)}{2}\tan\varphi + \gamma h\tan\varphi = S_0 \qquad (2.24)$$

将式(2.19)和式(2.20)代入式(2.24)得

$$\begin{aligned}&K_{\mathrm{I}}\Big[2(\cos\theta_0-1)\cos\frac{\theta_0}{2}(1+\tan\varphi)^{\frac{1}{2}} - 4\cos\frac{\theta_0}{2}\tan\varphi\Big] \\ &\quad - K_{\mathrm{II}}\Big[3\Big(\sin\frac{3\theta_0}{2} - \sin\frac{\theta_0}{2}\Big)(1+\tan\varphi)^{\frac{1}{2}} + 6\sin\frac{\theta_0}{2}\tan\varphi\Big] \\ &= 4\sqrt{2\pi r}(S_0 - \gamma h\tan\varphi)\end{aligned}$$
$$(2.25)$$

对于纯 I 型断裂，即当 $K_{\mathrm{II}}=0$，$\theta_0=0$ 时，则纯 I 型断裂的断裂韧度 K_{IC} 为

$$K_{\mathrm{IC}} = -\frac{\sqrt{2\pi r}(S_0 - \gamma h\tan\varphi)}{\tan\varphi} \qquad (2.26)$$

对于纯 II 型断裂，即当 $K_{\mathrm{I}}=0$ 时，则纯 II 型断裂的断裂韧度 K_{IIC} 为

$$K_{\mathrm{IIC}} = \frac{4\sqrt{2\pi r}(S_0 - \gamma h\tan\varphi)}{3\Big(\sin\frac{3\theta_0}{2} - \sin\frac{\theta_0}{2}\Big)(1+\tan\varphi)^{\frac{1}{2}} + 6\sin\frac{\theta_0}{2}\tan\varphi} \qquad (2.27)$$

从式(2.26)、式(2.27)可以看出，考虑裂隙水压力作用后，随着裂隙水压力的增大，I、II 型断裂的断裂韧度 K_{IC}、K_{IIC} 减小。

把 S_0 用 K_{IC} 表示，代入式(2.25)即可得岩体压剪状态下 I、II 型复合裂纹判据：

$$K_{\mathrm{I}}\left[2(\cos\theta_0-1)\cos\frac{\theta_0}{2}(1+\tan\varphi)^{\frac{1}{2}}-4\cos\frac{\theta_0}{2}\tan\varphi\right]$$

$$-K_{\mathrm{II}}\left[3\left(\sin\frac{3\theta_0}{2}-\sin\frac{\theta_0}{2}\right)(1+\tan\varphi)^{\frac{1}{2}}+6\sin\frac{\theta_0}{2}\tan\varphi\right]$$

$$=4K_{\mathrm{IC}}\tan\varphi \tag{2.28}$$

需要说明的是，这里提出的基于摩尔－库仑准则的岩石压剪断裂判据，与前面提到的应变能密度准则、能量释放率准则、最大周向应力准则、最大拉应变断裂准则等有本质区别，前者是屈服判据，代表裂纹尖端附近的塑性变形区域，后者是损伤判据，表示裂纹尖端附近弥散分布的微裂区域。

2.5　小　结

（1）水－岩物理作用、化学作用和力学作用通常是不可分割的，库岸边坡的破坏，通常是三类作用的综合结果，但是在不同时期，各类作用所占的比例不一样，引起边坡岩体破坏的作用机理也不一样，因此，对于库岸边坡岩体在库水位变化时水－岩作用机理的分析应该分三个阶段考虑：库水位上升期、库水位相对稳定期和库水位消落期，同时应该重点考虑浸泡—风干的循环作用。

（2）采用分段的方法，详细分析了库水位升、降对库岸边坡岩体的力学作用，从力学机理上解释了库岸边坡在水位上升或下降过程中安全系数先下降后上升变化规律的原因，也能很好地解释一些库岸边坡失稳的原因。

（3）把水库运营期的水－岩作用机制概括为五个方面：力学弱化机制、局部应力集中机制、物理弱化机制、化学弱化机制、浸泡—风干循环作用累积损伤机制，这样可以更全面地分析岸坡的水－岩循环作用效应和作用机理。

（4）在考虑库水作用的岸坡变形稳定性分析中，除了考虑短期、宏观的效应，微观、长期的效应也必须要考虑，除了要考虑水位升、降的宏观影响，也要考虑岸坡岩体在长期水－岩循环作用下的力学参数劣化效应，而不能仅考虑岩体饱水时的参数弱化。每一次库水升、降循环作用的损伤效应可能并不一定很显著，但多次重复作用后，损伤效应可能会累积性发展，很可能使稳定的滑坡向不稳定方向发展。

（5）从断裂力学角度分析了裂隙水压力对裂纹强度因子的影响。计算结果表明，裂隙水压力增大，裂纹面上的有效正应力减小，裂纹处尖端应力强度因子 K_{I} 增大，起到了劈裂裂纹的"楔入"作用，使岩体产生渐进性破坏；对于未闭合的裂纹，裂隙水压力对裂纹尖端的应力强度因子 K_{II} 没有影响；对于闭合裂纹，裂隙水压力抵消了裂纹面上一部分正应力，减少摩阻力，并且随着裂隙水压力的增加，K_{II} 增大。

（6）对考虑裂隙水压力作用的Ⅰ、Ⅱ型复合裂纹扩展进行了详细研究，结果表明复合裂纹的扩展角 θ 的变化，不仅与裂纹的闭合程度、斜裂纹倾角 α、双向应力大小有关，还与裂隙水压力的大小、裂纹面的摩擦系数有关。扩展角 θ 随 p/σ_1 的增大而增大，随 σ_3/σ_1 的增大而减小，随着裂纹倾角 α 的增大缓慢减小，并且在相同情况下，未闭合裂纹的扩展角要大于闭合裂纹的扩展角；对于闭合裂纹，裂纹面的摩擦角 φ 越小，扩展角 θ 越大。

(7)推导了基于摩尔－库仑屈服准则考虑裂隙水压力的岩体闭合裂纹断裂韧度 K_{IC}、K_{IIC} 和压剪状态下 I、II 型复合断裂判据，考虑裂隙水压力作用后，随着裂隙水压力的增大，I、II 型断裂的断裂韧度 K_{IC}、K_{IIC} 减小。

第3章 岩石力学试验试样选择、
强度预测与修正研究

　　岩石力学试验是岩石力学的基础，是研究岩石力学与工程的重要手段之一。虽然现在科学计算和理论分析已经达到相当的高度，但岩石力学试验作为直接解决实际工程中的力学问题的方法和手段，仍然有着不可替代的作用。

　　在国内外，随着试验技术方法和试验仪器设备的发展，岩石力学试验的技术水平越来越先进。首先是常规的岩石力学试验，如岩石点荷载试验，单轴拉伸、压缩试验，三轴压缩试验，岩石流变试验，岩石疲劳破坏试验，岩石渗透性试验，回弹法测岩石强度，超声波法预测岩石（体）强度和缺陷等，试验精度和控制水平都有了较大的发展；一些非常规的岩石力学试验研究也取得了较大的进展，如利用高倍扫描电镜对岩石的细观时效损伤特性和损伤力学行为进行细观试验分析，岩石损伤力学特性的CT扫描试验，高温下岩石力学性质试验、动静载组合破碎脆性岩石试验、复杂应力条件下岩石在开挖卸荷条件下的多轴卸荷破坏试验和岩石抗拉全过程的单轴破坏试验等。另外，随着工程建设的开展，岩土工程领域中不可避免地涉及更多复杂的岩石力学问题，对岩石力学试验也提出了更高的要求。

　　室内岩石力学试验的结果是确定岩体参数的基础，其结果的准确与否，直接影响着应岩体力学参数的确定，进而对工程的设计和施工带来巨大的影响。因此，岩石室内力学试验结果的真实可靠性至关重要。然而，岩石力学试验的结果往往要受到很多因素的影响，试验结果的离散性是普遍存在的，有时候甚至会掩盖真实的试验规律，因此，需要寻找一种能有效控制试验结果的离散性，提高试验结果的准确性的方法。

　　由于岩石力学试验一般是破坏性试验，一个岩样一般只能得到一个参数。本章研究的目的就是综合应用现有的无损检测技术，提出一种方便实用的岩石试样选择方法，在正式试验之前，严格选样，尽量挑出那些可能会使试验结果很离散的试样，提高试验结果的准确度，同时把这种方法应用于岩石抗压强度的预测；另一方面，针对岩石力学系列对比试验分析，提出一种可以较好地识辨、衡量岩样之间的初始差异的方法，并在此基础上对试验结果进行修正，以更好、更真实地把握试验规律，为后面章节库岸边坡消落带水－岩相互作用试验研究奠定较好的基础。

3.1 岩石力学试验结果离散性的影响因素分析

岩石室内试验的试样是现场采取一定尺寸规格的岩块，按试验要求制成各种规格并具有一定精度的岩样，同组试样的岩性基本相同。但是众多试验结果分析表明，即使在同一岩块上加工制成的试样，外观没有任何差别，采用相同的试验流程，其试验结果仍然存在较大差别，分析其原因主要有以下几点。

(1)受试件的形状、尺寸与加工精度(高径比、截面形状、试件体积、加工精度)影响。刘效云等(1999)对砂岩、粉砂岩、黏土岩三种岩石取不同高径比(0.5~2.5)对比试验研究发现，试件的高径比越小，测定出的抗压强度值越大，当高径比小于0.7时，高径比对抗压强度的影响就更加明显；而高径比大于2时，抗压强度值趋于稳定。同时发现截面面积相近、截面周长不同的圆柱体和正方体试件的试验结果有较大差异，正方形截面的强度明显小于圆形截面的强度。朱珍德等(2004)根据石英砂岩、砂岩、灰岩岩石试样的单轴压缩试验结果，建立了风干状态、自然状态、饱和状态下岩石的单轴抗压强度与试件高径比之间的非线性关系式。尤明庆等(2004)对大理岩试样的长度对单轴压缩试验的影响进行了试验研究，并对传统的非标准试件强度转换为标准试件的经验公式提出了修正意见。

(2)测试方法(试件受压面与压力机上下承压板之间的摩擦、加载速度)不同。在测定岩块抗压强度时，由于岩块受压面与压力机上下承压板之间存在着不同程度的摩擦，所以接触部分的受力情况是很复杂的，并非单纯的单向受压。这样复杂的受力状况，对压力的传递有很大影响。在进行的许多试验中发现，随着这种摩擦的减小，测定出的抗压强度值有下降的趋势。加载速度的快慢也是影响抗压强度的一个重要因素，规范规定岩块抗压强度试验的加载速度取 0.5~1.0MPa/s 为宜，研究发现，在一定范围内，加载速度每增加一倍或减少 50%，所测得的抗压强度值就随之增加或减小 2% 左右。

(3)岩石饱和程度不同。试块中含水量对抗压强度的影响是用岩石软化系数这一指标来衡量的。岩石的软化系数是含水试块与干燥试块的强度之比，某些岩石，如泥质岩、碳质岩、页岩等，含水状态对抗压强度的影响非常明显。

(4)岩石的种类和性质、加载方向(垂直层面或平行层面)不同。岩石的种类不同，强度差别是很大的；对于相同类型的岩石，加载方向不同，试验结果也有很大的差别，这也是岩石各向异性的表现。刘效云等(1999)经过多次试验研究发现，砂岩平行于层面加载的强度为垂直于层面的 75%~95%，而页岩仅为 60%~80%。试验还发现，当岩块含水量较大时，各向异性对强度的影响表现得更为突出。

(5)岩石试样内部缺陷不同。岩体中往往包含有各种层面、节理和裂隙等宏观或微观结构面，诸多工程领域的实践与研究表明，岩体的节理裂隙是影响岩体力学特性及其工程稳定性的关键因素，在岩石试验中，试样的内部缺陷等都会对试验结果带来影响，影响试验结果的准确性，有时候可能会得到完全相反的结论。对于岩体内部存在的缺陷的研究，声波探测技术最近几十年研究较多，也取得了一些成果，《水工建筑物岩石基础开挖工程施工技术规范》(DL/T 5389—2007)规定，同部位岩体的爆破后波速与爆破前波速的变化率 $\eta > 10\%$ 时，判断为爆破破坏或基础岩体质量差。丁嘉榆(1982)对岩石中裂隙对声波传播的影响进行了试验研究，证明声波对岩石的结构特征及其变化是敏感的，在一定的应力条件下引起声速变化的主要因素是裂隙的闭合、压密、扩展或新生，这种波动特性即为声波的"裂隙效应"。罗周全等(2005)采用声波探测技术对深部岩体裂隙进行了现场测试，并对裂隙的发展趋势作出了预测。

在上述这些影响因素中，有些是受取样的客观条件所限制的，如高径比、截面形状、试件体积等；有些则是测试技术造成的，如加工精度、加载的方法、速率和方向、饱和程度等，这两个方面的影响是可以通过细化试验方案、严格要求试验方法来控制的。但对于岩样内部的缺陷，由于其隐蔽性，往往是导致岩石力学试验结果离散的一个重要且不易控制的影响因素，在系列对比试验分析中，有时可能会掩盖真实的试验规律，甚至得到完全相反的结论。因此，需要寻找一种有效的方法较好地辨识和评价岩样的内部缺陷程度，进而提出相应的修正公式。

3.2　岩石力学试样选择、强度预测方法研究

3.2.1　常用无损检测技术的基本原理

岩石超声波测试技术是 20 世纪 60 年代发展起来的一门测量岩石(体)动弹性参数的新技术。超声波在岩石中的传播速度反映了材料的弹性性质，由于超声波穿透被检测的材料，因此它反映了岩石内部构造的有关信息，不仅可以测量岩石的强度，而且可以反映岩石中有没有缺陷，假如测试的岩石中间有微裂缝或者其他弱面，就会使超声波的传播速度大大降低，而且声速降低程度与裂缝数量、宽度有着密切关系。根据声速的变化特征，可以判别岩石试样的内部缺陷情况，这就是应用声波测试技术研究岩石无损探伤的理论依据。

回弹法的基本原理是使用回弹仪的拉簧驱动仪器内的重锤弹击岩石的表面，在试验面上的一次锤击得到重锤的回击力，锤击能量的一部分转化为使岩石塑性变形之功，剩余的能量就是回击距离(回弹值)，测出重锤反弹的距离，以反弹距离与弹簧初始长度之比为回弹值 R，再由回弹值与强度性质之间存在着的规律性

关系来推定岩石抗压强度。

采用无损检测方法预测岩石单轴抗压强度时，回弹值或超声波波速等测值和岩石强度之间不是单纯的对应关系，主要是因为还有其他因素的影响，如岩石的化学成分和矿物成分、风化程度、含水率、表面湿度；岩石结构的各向异性、孔隙率、比重、内部可能存在的缺陷等。就岩石本身来说，矿物组成及强度、颗粒之间的黏结力以及空隙性（特别是裂隙、孔隙分布）是控制岩石强度的直接因素，这也是以往的研究中单纯用回弹值或超声波波速预测岩石强度时误差较大的主要原因。基于此，王磊(1997)研究并提出了综合应用岩石比重和回弹值来预测岩石强度的方法，其准确程度相比单一的方法要高一些，岩石的比重可以在一定程度上反映岩石的致密程度，但是对于岩石内部的结构特征，如裂隙、微裂缝等缺陷的识辨能力还是不够的。

基于以往的这些研究基础，推荐综合使用超声波法和回弹法，充分利用两种方法各自的优点和互补的特点，这样既能反映岩石的弹性，又能反映岩石的塑性；既能反映岩石的表层状态，又能反映岩石的内部构造，这样可以由表及里，较为确切地反映岩石的强度和内部构造。因此，可以利用回弹值和超声波波速更准确地预测岩石的强度。同时，对于同一批次的试样，可以根据回弹值相对集中、个别含缺陷试样的超声波波速突变的对比分析，进行岩石试样的选择和分组；同时，我们可以把这种综合方法应用于预测和修正岩石的强度。

3.2.2　超声波对岩石内部缺陷的识辨能力

当把岩体视为均匀连续介质时，超声波在岩体中的传播速度、衰减系数和岩体的动弹性参数之间的关系已经有严格的理论推导。岩体本身并非各向同性的均质体，往往包含不同尺寸、不同方向的裂隙、裂纹，各向异性明显，声波对岩石的结构特征及其变化是非常敏感的，岩体内的裂隙一方面将消耗波的能量，使其振幅迅速衰减，声波的衰减与裂隙的尺度、方向、充填物的性质等密切相关；另一方面将影响波的行程，声波在裂隙处发生反射、折射、绕射等变化，裂隙闭合、压密时声波波速较快，裂隙张开或没有充填物时，波速降低。因此，在一定程度上可以说声波在岩体内的传播规律是受岩体内的裂隙控制的。由于裂隙在岩体内的分布往往是随机的，要进行裂隙岩体中的声波传播理论分析是非常困难的，一般都采用实测的声波结果和力学试验对岩体的弹性参数、裂隙状态等进行分析和描述。

以往的研究发现，如果裂隙与声波传播方向相同，裂隙对声波波速影响很小，而当裂隙与声波传播方向垂直时，裂隙对波速的影响很大，但如果裂隙是闭合的，那么对纵波速度的影响可能就较小，这也能很好地解释后面循环加卸载试样波速变快的原因。然而，裂隙的分布方向将直接影响岩石试样的强度和杨氏模量，如果裂隙垂直于试样的轴线方向，对强度的影响将不会太大，但是，如果裂隙与试样轴线方向的夹角在 45°以上，同样是张开裂隙，在声波速度差别不大的情况下，试样的强度和杨氏模量可能差别较大，这也可以解释在试验中遇到的一些波速相近而强度差别很大的情况。

因此，综合方法也存在一定的局限性，通过测定岩石试样的纵波波速和回弹值，可以在一定程度上反映试样内部的结构和裂隙存在状态，通过同一批试样的声波测试，其波速的差别可以作为试样选取的依据，可以在一定程度上挑出那些引起试验结果离散的试样。如果试样存在近轴向的裂纹、裂隙，其预测结果可能出现较大的偏差，但是这一点可以从试验过程中试样的破坏形态上加以区分。

3.3　超声－回弹综合法测试与分析

3.3.1　超声－回弹综合法强度预测实例分析

现场采样时，选取完整、均匀的较大的岩块，切割成小块运回试验室钻芯取样，同一批试样在同一均匀的岩块上切割加工，根据《水利水电工程岩石试验规程》（SL264—2001）、《工程岩体试验方法标准》（GB/T50266—99）以及国际岩石力学学会推荐标准，同时根据 RMT-150C 岩石力学试验系统和岩石渗流仪的仪器规格要求，尺寸采用 $\phi50mm\times100mm$、$\phi54mm\times110mm$ 两种圆柱形试件。试样的精度严格满足规范的要求：高度、直径偏差≤±0.3mm，试件两端面不平整度≤±0.05mm。

本次试验采样地点为三峡库区某库岸边坡的砂岩，试样大小为 $\phi50mm\times100mm$，试样的制备严格按照规范的要求进行，由于是同一地点、同一岩层采的岩样，层理结构相同，制作好的岩石试样在外观上几乎没有区别。

取样的本来目的是准备做库岸边坡水－岩相互作用试验，但是在测定初始力学参数时，单轴抗压强度试验结果离散性较大，个别试样的差别达到 30％左右。为了分析其原因，尽量减小试验结果的离散性，同时也为了在后面的试验中更好地把握水－岩作用机理，经过详细研究，提出采用上述超声－回弹综合法进行试样的选择，同时为了验证该方法的可行性，选取了 18 个试样进行了声波、回弹值和单轴抗压强度试验，如表 3.1 所示。

表 3.1　岩石试样试验数据与回归模型计算数据比较

编号	实测单轴抗压强度/MPa	纵波波速/(m/s)	回弹值	预测强度值/MPa	误差/MPa	误差百分比/％
1	32.84	3037	32	35.19	2.35	7.15
2	35.81	3000	33	35.21	−0.60	−1.69

续表

编号	实测单轴抗压强度/MPa	纵波波速/(m/s)	回弹值	预测强度值/MPa	误差/MPa	误差百分比/%
3	34.87	2912	32	33.40	−1.47	−4.22
4	35.75	3000	33	35.21	−0.54	−1.52
5	30.61	2965	29	32.48	1.87	6.11
6	22.90	2448	32	可能存在缺陷		
7	32.65	2957	29	32.36	−0.29	−0.89
8	30.61	2857	30	31.56	0.95	3.10
9	31.68	2954	27	31.16	−0.52	−1.63
10	30.69	2910	27	30.58	−0.11	−0.34
11	20.65	2277	31	可能存在缺陷		
12	29.61	2861	26	29.38	−0.23	−0.78
13	35.03	2961	30	32.99	−2.04	−5.82
14	21.53	2414	32	可能存在缺陷		
15	35.70	3014	33	35.41	−0.29	−0.81
16	22.82	2411	31	可能存在缺陷		
17	31.31	2873	30	31.79	0.48	1.52
18	30.60	2737	32	30.94	0.34	1.11

从表 3.1 可以看出，18 个试样的回弹值集中在 26~33，变化幅度较小，说明试样的表面硬度相近；但纵波波速范围为 2277~3037m/s，相对比较分散，其中试样 6#、11#、14#、16# 的纵波波速明显偏小，为 2277~2448m/s；其他 14 个试样的纵波波速范围为 2737~3077m/s，相对比较集中。初步判断这 4 个试样可能存在缺陷。为了对这种判断进行验证，采用相同的试验流程对这 18 个试样进行了单轴抗压强度试验，试验结果表明，这 18 个试样实测单轴抗压强度为 20.65~35.81MPa，其中试样 6#、11#、14#、16# 的强度明显偏小，仅为 20.65~22.90MPa，其他 14 个试样的单轴抗压强度范围为 29.61~35.81MPa，相对比较集中，这也验证了缺陷存在的可能性，同时说明了超声-回弹综合法对岩石试样进行选择是可行的。

对于试验结果存在的离散性，除了岩石本身的不均匀性外，还存在两个方面的原因：一是试样的加工精度问题，虽然加工过程进行了严格控制，但由于取样设备的限制，试样的端面不平行度、轴向偏差的影响总是存在；二是试样内部的缺陷，也是引起其中 4 个试样结果明显偏差的主要原因，可能主要是微裂纹导致的。采样时是在现场凿取岩块，在凿取岩块的过程中不可避免地对岩块造成损伤，老的裂纹扩展或者出现新的裂纹，因此，可判断部分制作好的试样中可能存在微裂纹，也就是这批试验中发现的存在缺陷的试样 6#、11#、14#、16#。

从表 3.1 中可以看出，除可能存在缺陷的试样 6#、11#、14#、16# 外，剩余的 14 个试样的单轴抗压强度与纵波波速、回弹值之间具有较好的相关性。国内外学者也做过很多这方面的研究，并用回归分析的方法拟合出了一些岩石强度与回弹值之间的关系曲线，给出岩体强度及变形参数的超声波预测方法，但很少有人用超声－回弹综合法来预测岩石的强度，前面的分析表明，这种方法综合了声波法和回弹法二者的优点，能更好地反映岩石表层和内部的特点，可以更为准确地反映岩体的强度。

经过比较分析，超声－回弹综合法预测强度的相关统计表达式采用如下形式：

$$\sigma_{c1} = a v_P{}^b R^c \tag{3.1}$$

式中：σ_{c1} 表示岩石试样的单轴抗压强度（MPa）；v_P 表示岩石试样的纵波波速（m/s）；R 表示岩石试样的回弹值；a、b、c 为假定经验公式的试验系数。

对上式两边同时取对数得

$$\ln\sigma_{c1} = \ln a + b\ln v_P + c\ln R$$

上式为一个三元一次方程，我们采用三元线性回归的方法求解系数 a、b、c，得经验公式为

$$\sigma_{c1} = a v_P{}^b R^c = 0.0035 v_P{}^{0.937} R^{0.487} \tag{3.2}$$

为了验证公式的适用性，根据纵波波速和回弹值采用经验公式对试样单轴抗压强度进行了预测，如表 3.2 所示，预测强度的误差范围为 0.34％～7.15％，预测强度值和实测强度值能较好地吻合。

同时与以往的强度预测经验公式进行了对比分析，这里选用两个以前研究中应用比较多、相对误差较小的公式。

（1）回弹法预测岩石强度经验公式：

$$\sigma_{c2} = AR^B \tag{3.3}$$

（2）声波法预测岩石强度经验公式：

$$\sigma_{c3} = C\left(\frac{v_P}{1000}\right)^D \tag{3.4}$$

式中，σ_{c2}、σ_{c3} 分别表示式（3.3）、式（3.4）的岩石单轴抗压强度预测值（MPa）；A、B、C、D 为假定经验公式的试验系数。

采用线性回归的方法求解系数 A、B、C、D，得经验公式如下。

（1）回弹法预测岩石强度经验公式：

$$\sigma_{c2} = 3.96R^{0.619} \tag{3.5}$$

（2）声波法预测岩石强度经验公式：

$$\sigma_{c3} = 5.76\left(\frac{v_P}{1000}\right)^{1.613} \tag{3.6}$$

三个经验公式强度预测值和实测值如图 3.1 所示，计算精度比较如表 3.2 所示。

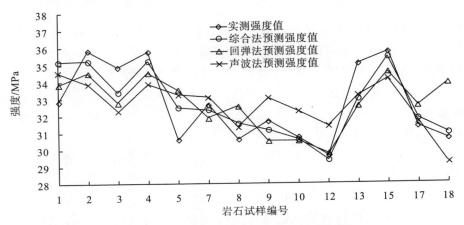

图 3.1　实测强度和经验公式预测强度比较图

表 3.2　经验公式计算精度比较表

类别	相关系数 r	方差无偏估计 $\hat{\sigma}^2$	F
超声－回弹综合法	0.863	1.611	16.007
回弹法	0.719	2.953	12.840
声波法	0.641	3.622	8.417

从图 3.1 和表 3.2 可以看出，三个经验公式的强度预测值和实测值变化趋势基本一致，其中，超声－回弹综合法预测强度值与实测值最接近，而且综合法经验公式的相关系数明显大于其他两个经验公式，方差无偏估计值也最小，同时，$F=16.007 > F_{0.99}(2, 11)=7.21$，回归方程的显著性检验程度是很显著的，可见，综合法预测岩石强度值是可信的，而且比以往的预测经验公式的准确程度要高，说明在仔细、准确测量岩石试样声波和回弹值的基础上，是可以较为准确地预测岩石试样抗压强度的。

3.3.2　关于超声－回弹综合法的说明

岩石试样的纵波速度、回弹值和单轴压缩的强度之间的正相关关系是为众多试验结果所验证的，但有的学者通过试验也得到了例外情况，这主要是由岩石性质的差异和非均匀性引起的，因此，要取得较准确的岩石抗压强度预测经验公式，比较可行的方法是对不同类型的岩石，用大量的岩样进行系统的试验，分别建立其经验强度预测公式，而且在测试试样纵波波速、回弹值和抗压强度时一定要保证试样的状态一致，因为以往的研究也发现，温度、试样的饱和程度、表面湿度等很多因素对这些参数的测定影响都非常大，进而会影响试验规律。

当岩石内部裂隙等弱面与声波传播方向接近相同时，裂隙对声波波速影响较小，当裂隙与声波传播方向接近垂直时，裂隙对波速的影响较大，因此，本节提出的综合方法也存在一定的局限性，只能在一定程度上挑出引起试验结果离散的试样，如果试样存在近轴向的裂纹、裂隙，其预测结果可能出现较大的偏差，但这一点可以从试验过程中试样的破坏形态上加以区分。

3.4　岩石力学系列对比试验中抗压强度修正方法研究

3.4.1　离散性对岩石力学系列对比试验的影响

由于岩石形成过程以及所经历历史作用的差异，试验常用岩芯试样内部的裂隙、裂纹和空隙等微、宏观缺陷大量存在，岩样之间的差异不可避免。为了比较准确地确定岩石的 c、φ 值，通常进行不同围压下的三轴抗压强度试验，有时候围压的作用完全被岩样之间的差别所掩盖。在各类岩石试验中，国内外岩石试验规范、规程中均建议采用重复试验（3~5 次）的均值以消除试样之间差别的影响，但是有的研究也指出，少数几个试样的平均值是不能消除试样之间的离散性的，而且，由于现场钻取的岩芯数量有限，大量的重复试验通常是不可能的。较多的学者对此问题也进行了比较深入的研究，如 20 世纪 80 年代以来，吴玉山等（1985）、苏承东等（2004）、刘保国等（2011）先后提出了单试件法确定岩土体力学参数的方法，其目的就是消除试样之间的离散性，但其试验方法和结果分析也存在较多不同的看法。尤明庆等（1998）基于试验研究提出对岩样偏离正常状态的应力-应变曲线进行如图 3.2 中虚线所示的修正，得到该岩样的理想强度 σ_S^*。虽然修正误差可以控制在一定范围之内，但是这种修正方法存在一定的主观因素。

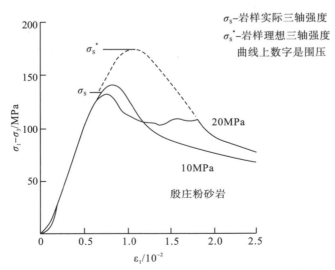

图 3.2　岩样三轴压缩应力-应变曲线和理想强度（尤明庆等，1998）

上述方法在修正单个试样的试验结果时取得了较好的效果，但也有明显局限性，在系列对比分析试验中，无法衡量和消除岩样之间的差异，例如，在常见的水－岩作用试验中，对不同浸泡—风干循环作用周期的岩样进行单轴、三轴抗压强度试验，试验目的是研究水－岩作用对岩石抗压强度的影响，但是岩样之间的初始差异决定了其初始强度也存在差异，如果直接比较各期实测抗压强度值，也就忽略了岩样初始差异的影响，将不能客观真实反映水－岩作用的影响，甚至掩盖了一些试验规律。这个问题是客观存在的，采用简单重复试验进行算术平均也不能很好地消除数据的离散性，而且在以往较多试验结果中普遍存在，但是鲜有文献对此进行比较详细的分析。因此，迫切需要寻找一种方法，能比较有效地分辨、衡量岩样之间的差异，并能对试验结果提出合理的修正，这也是本章的研究重点。

3.4.2 岩石力学系列对比试验中强度修正方法研究

就岩石本身来说，矿物组成及强度、颗粒之间的黏结力以及空隙性（特别是裂隙、孔隙分布）是控制岩石强度的直接因素，岩样强度是通过破坏试验得到的，每一个岩样一般只能得到一个强度值，具有不可重复性，因此，拟采用无损检测的方法来分辨、衡量岩样之间的差异。以往的研究表明，超声波法和回弹法是常用的岩石强度无损检测技术，而且与岩石强度之间具有较好的相关性，上一节把超声波法和回弹法综合起来，应用到岩石试样选择和抗压强度预测分析中，得到了较好的效果。基于此，本节将超声－回弹综合法应用于岩石抗压强度修正，这里以前期完成的浸泡—风干循环水－岩作用试验为例，试验技术路线如图 3.3 所示。抗压强度修正方法具体分析流程如下：

（1）选样：精确测量加工制作好的标准岩样的几何尺寸、质量、纵波波速和回弹值，剔除密度、波速、回弹值明显离散的岩样。

（2）初始参数测定：由于含水率对岩样的物理、力学参数影响较大，试验方案规定每期试样的物理、力学参数均在饱水状态下测定，为了统一试验状态，把选定的岩样自由饱水后，测试试样的质量、纵波波速、回弹值，并选取一组试样进行单轴、三轴抗压强度试验，作为分析的初始参数。

（3）定期抗压强度测定：定期测试岩样的纵波波速、回弹值和抗压强度值等物理、力学参数。

（4）采用上节提出的抗压强度预测公式（式（3.1）），根据每期实测的纵波波速、回弹值和抗压强度拟合出经验公式的试验系数 a、b、c，然后根据每个试样初始纵波波速、初始回弹值对其初始（没有经历过水－岩作用）抗压强度 $\sigma_{i初始}$ 进行预测，见式（3.8）和式（3.9），以初始参照试样强度预测值的均值为参照标准 $\sigma_{标}$，用每个试样的 $\sigma_{i初始}$ 与它相除，得到一个系数，我们定义为修正系数 α_i；然后把各试验阶段的各个岩石试样的实测抗压强度 $\sigma_{i实测}$ 除以这个修正系数 α_i，得到一个新的强度值，我们定义为修正强度 $\sigma_{i修}$，这相当于把每个试样的初始强度修正到同一个标准，然后再进行比较分析，这样可以更好地把握浸泡—风干循环水-岩作用对岩石力学性质的影响。

$$\sigma_c = a v_P^b R^c \tag{3.7}$$

$$\alpha_i = \frac{\sigma_{i初始}}{\sigma_{标}} \tag{3.8}$$

$$\sigma_{i修} = \frac{\sigma_{i实测}}{\alpha_i} \tag{3.9}$$

式中，σ_c 表示岩石试样的单轴抗压强度（MPa）；v_P 表示岩石试样的纵波波速（m/s）；R 表示岩石试样的回弹值；a、b、c 为假定经验公式的试验系数；$\sigma_{i初始}$ 表示岩样初始抗压强度（MPa）；$\sigma_{标}$ 表示初始参照试样抗压强度预测值的均值（MPa）；α_i 表示抗压强度修正系数；$\sigma_{i修}$ 表示岩样抗压修正强度修正值（MPa）。

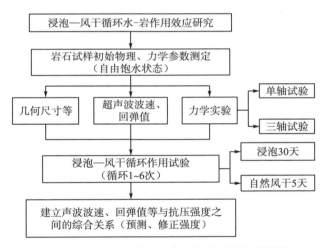

图 3.3　浸泡—风干循环水-岩作用试验技术路线图

3.4.3　岩石力学系列对比试验中强度修正实例及分析

　　各期试样的纵波波速、回弹值和抗压强度实测值及修正值如表 3.3 所示。从表 3.3 可以看出，在浸泡—风干循环过程中，砂岩试样的实测单轴抗压强度总体逐渐变小，与以往类似试验结果变化趋势一致，但存在部分上升的点和明显偏离均值的离散点（这种现象在以往的试验研究中也普遍存在），总体变化趋势如图 3.4所示，其离散性主要是由试样之间的初始差异引起的，各试样的初始纵波波速、回弹值的差异也说明了试样本身是存在初始差异的，也决定了其初始强度是存在差异的，如果直接比较各期实测的抗压强度值，也就相当于不考虑岩样的初始差异，将不能真实地反映浸泡—风干循环作用对砂岩试样力学参数的影响程度，因此，这里对各岩样的抗压强度值进行了修正，详细过程如表 3.3 所示，修正后的变化趋势如图 3.4 所示。

表 3.3 砂岩试样单轴抗压强度修正表

循环次数	编号	抗压强度对应波速/(m/s)	抗压强度对应回弹值	实测强度/MPa	预测强度/MPa	误差百分比/%	初始波速/(m/s)	初始回弹值	预测初始强度/(MPa)	修正系数	修正强度/MPa
0 (初始参照试样)	10-1	3165	37.6	77.66	79.88	−2.86	—	—	—	1.01	77.01
	10-2	3215	38.6	80.20	82.40	−2.74	—	—	—	1.04	77.10
	10-3	3257	38.0	84.30	81.70	3.09	—	—	—	1.03	81.73
	10-4	3175	37.6	79.36	79.99	−0.79	—	—	—	1.01	78.58
	10-5	3049	36.4	74.52	76.27	−2.35	—	—	—	0.96	77.39
1	11-1	2890	33.6	68.72	69.23	−0.75	3040	35.2	73.87	0.93	73.68
	11-2	3165	35.8	83.66	76.38	8.70	3289	39.4	84.81	1.07	78.14
	11-3	2793	36.2	73.68	72.99	0.94	3024	36.8	76.76	0.97	76.03
2	12-1	3196	36.8	77.42	78.67	−1.62	3269	39.8	85.36	1.08	71.84
	12-2	2809	33.6	65.25	68.36	−4.77	3018	36.8	76.69	0.97	67.40
	12-3	2874	34.8	70.65	71.30	−0.93	3228	37.8	80.98	1.02	69.11
3	13-1	2762	30.4	40.01	61.93	—	—	—	—	—	—
	13-2	2717	31.6	60.25	63.69	−5.71	3006	36.0	75.04	0.95	63.60
	13-3	2688	33.0	68.80	65.94	4.15	3248	39.6	84.73	1.07	64.32
4	14-1	2632	30.6	63.48	60.97	3.95	3289	38.6	83.63	1.06	60.12
	14-2	2618	29.0	58.48	57.92	0.96	3003	37.6	78.04	0.99	59.36
	14-3	2564	27.0	52.57	53.77	−2.28	3025	35.6	74.48	0.94	55.91
5	15-1	2762	27.2	52.64	55.96	−6.30	3113	36.6	77.37	0.98	53.89
	15-2	2674	25.8	51.85	52.55	−1.36	3025	34.4	72.18	0.91	56.90
	15-3	2762	29.4	62.44	60.07	3.79	3301	39.8	85.72	1.08	57.69
6	16-1	2525	26.0	52.16	51.59	1.08	3121	35.6	75.52	0.95	54.70
	16-2	2688	26.2	56.78	53.42	5.91	3121	38.0	80.16	1.01	56.11
	16-3	2667	25.4	50.68	51.75	−2.11	3015	36.4	75.90	0.96	52.89

综合表 3.3 和图 3.4 可以看出，同组重复性试样修正后的强度差别大大减小，各期砂岩试样的抗压强度变化规律更加明显，据此，在以后的类似试验中，在严格选样的基础上，可以在一定程度上减少重复试样的数量。采用同样的方法，可分别对其他围压条件的三轴抗压强度值进行修正。试验数据分析过程中，没有考虑抗压强度明显偏小的试样 13-1 的试验结果(仅为 40.01MPa，严重偏离均值)。

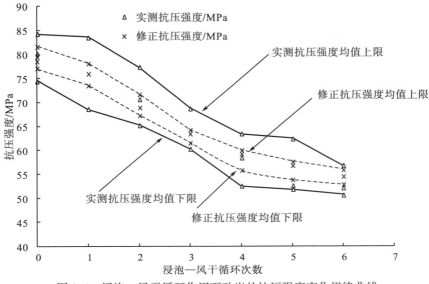

图 3.4　浸泡—风干循环作用下砂岩的抗压强度变化规律曲线

上述修正方法在修正岩样抗压强度时取得了较好的效果，但是也存在一个方面的不足，一次修正中，只能考虑统一围压条件下试样的抗压强度，不能考虑围压不同情况的影响，比如根据试样纵波波速、回弹值以及 5MPa 围压的实测抗压强度值拟合的修正公式，只能用于 5MPa 围压试验条件的岩样强度预测和修正，不能用于其他围压条件，也不能推定该试样在其他围压条件下的强度。因此，上述修正方法还需要进一步的改进，在考虑多因素影响的情况下，如果采用回归公式去分析，可能会导致拟合公式形式很复杂，这里引入神经网络的方法。人工神经网络非线性映射能力极强，具有良好的容错特性和非线性处理功能，而且神经网络方法克服了回归分析方法有可能掩饰某些规律的缺陷，根据已有的测试数据通过一定的算法（学习方法）自动获取信息并总结规律，能较好地实现各参数之间复杂的非线性映射，该方法可以比较方便地建立岩石抗压强度的预测模型，同时考虑岩样之间的差别和围压的影响。

分析中采用基于多层前馈神经网络模型——BP 网络的智能反演方法，基于以往研究中关于影响岩样抗压强度的分析，取每个试样的纵波波速、回弹值、直径、高度、密度、围压水平作为输入参数，岩样的抗压强度为输出参数，通过不同围压条件下的实测强度和其他参数的实测样本数据进行训练，建立神经网络模型，并选取部分数据作为校核样本，结果表明，基于 BP 神经网络的岩样强度预测值总体误差更小，因此，可以用训练好的 BP 神经网络预测各个试样的不同围压条件的抗压强度，采用前述的修正方法，对上述水－岩作用试验中各期试样的三轴抗压强度值进行了修正，具体如图 3.5 所示（取修正值的均值），可以看出，采用上述方法修正后，各期砂岩试样的抗压强度变化规律更加明显。

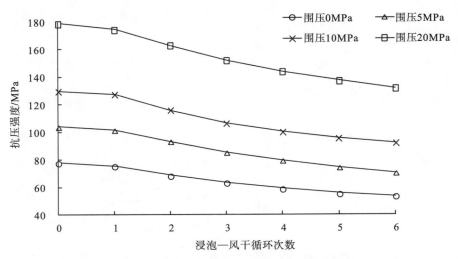

图 3.5　浸泡—风干循环作用下砂岩的抗压强度变化规律曲线

3.4.4　岩石力学系列对比试验中强度修正方法的讨论

(1)由于微裂隙、裂纹在岩石内的分布往往是随机的,要进行岩体中的声波传播理论分析和评价是非常困难的,一般都根据实测的超声波波速结果和力学试验结果,采用统计的方法对岩体的弹性参数、内部密实状态等进行分析和描述。这也是本节分析中采用数据回归分析和神经网络方法的初衷。但是,由于影响岩样强度、超声波波速、回弹值等物理、力学参数的因素众多,因此,在各参数测试时,需尽量保证试样状态的一致性。

(2)所提出的岩石抗压强度修正方法的思路,是在一次系列对比试验中,根据相同状态试样的物理、力学参数测试结果,考虑试样之间的差异性,建立经验公式或神经网络模型去修正该批试验的力学结果,数据之间具有直接相关性,因此,修正效果也比较明显,而且,在以往试验内容的基础上,不需要增加另外的试样,只需在力学试验之前补充测试试样的超声波纵波波速和回弹值,因此,这种修正方法相对是比较简便的。

(3)在超声波波速与岩石抗压强度的相关性分析中,较多学者研究得到的是正相关的关系,但也有部分学者得到了负相关的关系,但是无论是正相关还是负相关的关系,在所分析的对应试验中,超声波波速与岩石抗压强度的相关性均存在一致性(即要么统一是正相关,要么统一是负相关),较好的规律性也保证了上述修正方法的合理性和通用性。

(4)强度修正方法可以减小重复性试验的数量,但是不能完全替代重复性试验,主要是由于测试方法的限制,对岩样内部的缺陷不能完全识别,如近轴向的大倾角弱面,这些影响因素只能结合试样的破坏形态去分析,因此,必要的重复性试验还是必需的，而且，综合采用重复性试验结果和强度修正方法，可以更好地把握试验规律。

3.5　小　结

（1）把超声-回弹综合法应用到岩石试样选取中去，在试验之前，严格选样，挑出那些可能会使试验结果很离散的试样，可以提高室内试验的测试准确程度。实践表明，这种选样方法具有较好的适用性，对有缺陷的试样有较好的识辨能力，而且方便、快速、对试样没有损伤，因此，在岩石试样选择中值得借鉴。

（2）岩石抗压强度与岩石纵波波速、回弹值有较好的相关性，对岩石试样采用超声和回弹综合法测试，建立了岩石抗压强度与纵波波速、回弹值的多元回归模型，结果表明这个综合经验公式的预测强度值是可信的，而且比以往的预测经验公式的准确程度要高，因此值得借鉴。

（3）岩石试样的纵波速度、回弹值和单轴压缩的强度之间的正相关的关系是为众多试验结果所验证的，但是，有的学者通过试验也得到了例外情况，这主要是由岩石性质的差异和非均匀性引起的，因此，要取得较准确的岩石抗压强度预测的经验公式，比较可行的方法是对不同类型的岩石，用大量的岩样进行系统的试验，分别建立其经验强度预测公式，而且，在测试试样纵波波速、回弹值和抗压强度时一定要保证试样的状态一致，因为以往的研究也发现，温度、试样的饱和程度等很多因素对这些参数的测定都会存在一定的影响，进而影响试验规律。本章旨在提出和验证这种方法，后面的试验研究将对此进行补充。

（4）不管是回弹法、声波法，还是本章提出的超声-回弹综合法，都只是一种间接的岩石强度测定方法，在直接力学试验条件不具备的情况下，是一种实用、经济的预测强度的方法，其结果也可以作为力学试验的参考，为试样的选择和荷载大小及分级加载的确定提供必要的信息，如果再配合一定的室内试验和大型试验，就能更全面地取得工程岩体力学性质参数和质量指标，为工程设计、施工提供可靠的依据。

（5）岩石试样之间的差异往往是影响试验结果准确性和离散性的一个重要且不易控制的因素。因此，在采用力学试验方法来研究岩石力学性质时，必须尽量控制和消除岩样之间的差异所造成的影响。基于超声波法和回弹法等无损检测技术，提出了岩石抗压强度修正方法，试着去分辨、衡量岩样之间的差别，并建立了经验修正公式和神经网络模型，实践表明，在系列对比试验结果分析中，修正方法具有较好的实用性，配合一定数量的重复性试验，将会更好地把握试验规律。因此，在类似岩石试验方案设计及结果分析中值得借鉴。

第 4 章　水－岩作用下砂岩力学特性劣化规律研究

三峡工程竣工后，库水每年都将按"冬蓄夏洪"的调度计划在 145m 的防洪水位和 175m 的蓄水发电水位之间或缓慢或快速地反复升降，形成一个高达 30m 的库水消落带，在库水位升、降循环中，消落带岩土体将处于一种浸泡—风干交替状态，这种浸泡—风干循环作用对岩土体来说是一种"疲劳作用"，在这种循环作用下岸坡岩土体的强度将如何劣化，以及由此引发的地质灾害问题都是十分严峻而又不可回避的。

特选取三峡库区典型库岸边坡消落带区域砂岩为试验研究对象，设计了考虑水压力升、降变化的浸泡—风干循环水－岩作用试验（后面简称浸泡—风干循环水－岩作用试验），旨在比较真实地模拟库水消落带的浸泡—风干循环水－岩作用，对循环作用下砂岩的力学参数劣化规律及变形破坏特征进行深入的试验研究。

4.1　考虑浸泡—风干循环的水－岩作用试验方案设计

4.1.1　岩样制备与选择

砂岩是沉积岩中分布很广的一类岩石，也是水利水电工程中经常遇到的岩石类型，在三峡库区广泛存在，本次试验采集三峡库区典型库岸边坡消落带的砂岩为试验对象，试验结果具有典型的代表意义。

典型的岩石显微结构照片如图 4.1 所示。经鉴定，试样为绢云母中粒石英砂岩，微风化，无可见节理，完整性较好，薄片鉴定结果为绢云母中粒石英砂岩，

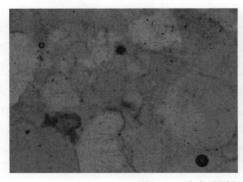

图 4.1　砂岩试样切片典型显微结构照片

孔隙式钙质胶结，基质具微细鳞片变晶结构的中粒砂状结构，岩石由石英、长石、岩屑、云母等组成，碎屑组分有燧石岩屑，次角～次圆状，粒径0.3mm，占10％；石英碎屑，次角～次圆状，均匀分布，粒径0.3～0.5mm，占80％；基质组分为绢云母，占10％。

岩样取回后加工成 φ50mm×100mm(直径×高度)的标准试件，典型砂岩试样如图4.2所示。试样的精度严格满足规范的要求：高度、直径偏差≤±0.3mm，试件两端面不平整度≤±0.05mm。对制备好的试样，测试超声波纵波波速和回弹值，严格选样。

图4.2 典型岩样照片

4.1.2 浸泡—风干循环水—岩作用试验方案

试验过程中，为了比较真实地模拟库水位升、降变化的影响，浸泡时采用3种平行试验方案：①静水、常压；②静水、加压(浸泡压力考虑0.4MPa)；③静水、加压(浸泡压力考虑0.8MPa)。参照类似试验的经验，考虑浸泡的时间效应影响，同时考虑试验的可行性，设计每期浸泡时间为30d，其中，前10d为均匀增加至设计水压力，模拟库水位的上升，中间10d保持压力不变，模拟正常蓄水的相对稳定期，后10d压力均匀降低至0，模拟库水位的下降。浸泡用水溶液取自岩石采样区域附近河道，pH为6.76，呈中性偏弱酸性。

压力浸泡装置采用研究团队研制开发的水—岩作用专用实验仪器YRK-1岩石溶解试验仪，如图1.4所示，可以在浸泡时模拟水压力的变化过程。

每期浸泡满30d后，取出所有试样放置在实验室自然风干，模拟库水位下降后，岸坡岩体自然风干情况，时间统一为5d(据准备阶段的试验测试，饱水试样自然风干5d左右，试样的重量趋于稳定，试样达到基本风干状态)，5d后，从三个浸泡方案中各取出一组试样先采用自由浸水饱和法使其达到饱和状态，然后进行抗压强度试验(围压为0MPa、5MPa、10MPa、20MPa)；把其余试样重新放置回浸泡仪器中继续浸泡，设计循环次数为6次。研究在不同浸泡方案情况下，砂岩试件在浸泡—风干循环水—岩作用下的力学性质变化规律。

浸泡—风干循环模拟中，为了更真实地模拟库岸边坡岩体现实情况，尽量采取"自然"的方式，在试验循环过程中让试样自然风干，避免以往试验中采取烘干法对岩石矿物成分和岩体性质的影响；随着季节的变化，每次风干时的环境条件有些差异，对单次浸泡—风干循环水－岩作用效应的均匀性可能也会有一定的影响，但这种试验方法是一种更接近自然状态的方法，其最终的试验结果会更接近现实的状态。另一方面，岩石的含水率对物理性质、力学试验的结果都是影响较大的，因此，在试验过程中，为了更好地把握试验规律，所有物理力学参数均在试样饱和状态下测定。考虑库岸边坡岩体的实际工程环境，采用自由浸水饱和法，按照《水利水电工程岩石试验规程》（SL264—2001）规定，先将试件竖直置放于饱和缸中，第一次加水至试件高度 1/4 处，以后每隔 2h 加水至试件高度的 1/2 和 3/4 处，6h 后试件全部淹没于水中，48h 后取出，此时试件已经饱和。

4.2 三轴压缩作用下砂岩应力－应变特性分析

不同浸泡水压力作用下砂岩试样的应力－应变曲线的形态基本一致，限于篇幅，这里给出了 0.4MPa 浸泡压力下，不同围压下砂岩试样典型的应力－应变曲线，如图 4.3 所示，其中 0～6 表示浸泡—风干循环作用次数。由于浸泡后砂岩试样变形较大，为了观察岩石试样的主要剪切破坏面，防止试样破坏时过于破碎，峰值荷载过后下降一段后，就逐步卸除轴向压力和围压。

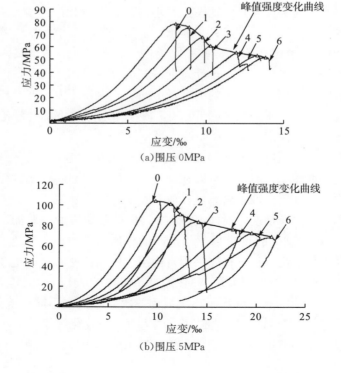

(a)围压 0MPa

(b)围压 5MPa

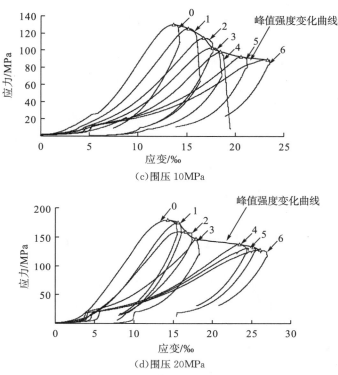

(c)围压 10MPa

(d)围压 20MPa

图 4.3　浸泡-风干循环作用下砂岩的应力-应变曲线

从应力-应变曲线分析可以得出：

(1)不同浸泡-风干循环作用次数的砂岩试样的应力-应变曲线形态基本一致，各试件基本都遵循典型岩石应力-应变关系曲线各发展阶段。在单轴压缩试验中，试样在到达峰值强度后应力跌落很快，具有一定的脆性特征，而且在浸泡-风干循环作用初期表现得特别明显；随着浸泡-风干循环次数增多，应力-应变曲线明显变缓，压密段长度变长，弹性段变短，屈服阶段也逐渐变长，屈服平台明显，岩样的塑性性质明显增强。

(2)从峰值强度变化曲线可以看出，在浸泡-风干循环过程中，砂岩试样的三轴抗压强度逐渐降低，而且在前 4 次循环作用过程中，劣化趋势非常明显，在 4 次之后逐渐趋于缓慢。这与以往类似试验的变化规律是一致的，但是下降幅度要大一些。

(3)不同浸泡-风干循环作用次数砂岩试样的应力-应变曲线中弹性变形段的斜率差别较大，浸泡-风干循环次数越多，弹性变形段的斜率越小。

(4)如图 4.4 所示，傅晏等(2009)也进行了砂岩的干湿循环作用试验，试验得到的单轴抗压应力-应变曲线也显示了与本节试验类似的变化规律，由于没有考虑时间效应和水压力升、降变化的影响，其变化幅度较小。

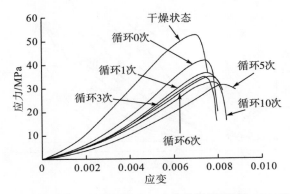

图 4.4　砂岩单轴抗压应力－应变曲线（傅晏等，2009）

4.3　砂岩试样弹性模量、变形模量变化规律

取应力－应变曲线中直线段的平均斜率为岩样的弹性模量 E_{av}，岩样的变形模量 E_c 取峰值强度 50％处的割线模量。水－岩作用过程中砂岩试样的弹性模量和变形模量如表 4.1 和表 4.2 所示。

表 4.1　不同浸泡—风干循环水－岩作用周期砂岩试样弹性模量　（单位：GPa）

围压 /MPa	浸泡压力 /MPa	浸泡—风干循环次数						
		初始	1	2	3	4	5	6
	0.8	14.39	12.87	9.92	8.06	6.57	6.15	5.19
0	0.4	14.39	13.26	10.43	8.58	7.79	6.72	5.64
	0	14.39	14.15	12.04	9.86	8.85	7.26	6.46
	0.8	16.67	13.15	10.38	8.75	7.26	5.70	5.33
5	0.4	16.67	14.44	10.73	9.21	7.70	6.76	5.94
	0	16.67	14.74	11.64	9.94	9.00	7.93	6.81
	0.8	18.02	16.45	13.42	11.16	9.66	4.51	6.81
10	0.4	18.02	17.35	14.69	12.27	10.67	8.98	8.58
	0	18.02	17.90	15.60	12.92	11.84	10.61	9.76
	0.8	19.72	17.58	14.54	11.94	9.94	5.86	7.47
20	0.4	19.72	18.61	15.78	13.37	11.33	3.70	8.72
	0	19.72	19.39	16.60	14.59	12.47	10.82	10.13

表 4.2　不同浸泡—风干循环水一岩作用周期砂岩试样变形模量 （单位：GPa）

围压 /MPa	浸泡压力 /MPa	浸泡—风干循环次数						
		初始	1	2	3	4	5	6
0	0.8	7.09	6.11	5.09	4.07	3.29	2.88	2.42
	0.4	7.09	6.37	5.29	4.53	3.75	3.37	2.85
	0	7.09	6.70	5.69	4.91	4.40	3.96	3.46
5	0.8	9.71	8.45	6.49	5.17	4.26	3.78	3.32
	0.4	9.71	8.84	6.89	5.80	4.88	4.20	3.65
	0	9.71	9.24	7.51	6.39	5.44	4.69	4.12
10	0.8	10.90	10.10	8.32	6.91	6.03	3.27	4.42
	0.4	10.90	10.60	9.33	7.79	6.72	5.93	4.87
	0	10.90	10.52	10.16	8.90	7.44	6.41	5.58
20	0.8	13.00	11.63	9.38	8.20	7.34	3.33	5.28
	0.4	13.00	12.09	10.24	8.79	7.72	2.81	6.00
	0	13.00	12.73	10.76	9.36	8.35	7.64	7.12

从表 4.1 和表 4.2 可以看出，在浸泡—风干循环过程中砂岩试样的弹性模量、变形模量变化具有如下特征：

(1)试样的弹性模量、变形模量随着浸泡—风干循环水一岩作用次数的增加逐渐降低，趋势明显，而且与图 4.3 中描述的砂岩试样应力—应变曲线中弹性变形段的斜率逐渐变小的变化规律是一致的。3 次浸泡—风干循环作用之后，0.8MPa 浸泡的砂岩试样弹性模量、变形模量分别下降了 38.10%～52.91%、36.65%～46.74%；0.4MPa 浸泡的砂岩试样弹性模量、变形模量分别下降了 31.93%～44.72%、28.59%～40.25%；静水常压浸泡的砂岩试样弹性模量、变形模量分别下降了 26.00%～40.37%、18.34%～34.19%；6 次浸泡—风干循环作用之后，0.8MPa 浸泡的砂岩试样弹性模量、变形模量分别下降了 62.01%～68.03%、59.42%～65.92%；0.4MPa 浸泡的砂岩试样弹性模量、变形模量分别下降了 52.40%～64.38%、53.88%～62.44%；静水常压浸泡的砂岩试样弹性模量、变形模量分别下降了 45.85%～59.16%、45.20%～57.51%。可见试样弹性模量和变形模量下降的幅度要明显大于抗压强度的下降幅度，弹性模量的下降幅度要比变形模量的下降幅度大，而且不同浸泡压力的试样变化差别明显，浸泡时压力变化越大，弹性模量和变形模量劣化得越严重。

(2)不同围压情况下，砂岩试样的弹性模量和变形模量不一样，随着围压的增大（0MPa→20MPa），弹性模量（14.39GPa→19.72GPa）和变形模量（7.09GPa

→13.00GPa)有增大的趋势，而且随着浸泡—风干循环水－岩作用次数的增加，这个差别越来越大，这主要是由于岩石的弹性模量与岩石的岩性、所含成分、内部的缺陷和致密程度密切相关，围压的作用使得岩体内部裂隙、孔隙等缺陷压密闭合，增大了岩石的刚度和内部裂隙面上的正应力，从而使得岩石试样变形需要更大的荷载，因此，弹性模量随围压增大而增大，而且在浸泡—风干循环作用后期，岩样内部孔隙、裂隙发育更加充分，这种效应显得更加明显。

（3）在浸泡—风干循环作用过程中，水－岩物理、化学和力学作用，一方面导致试样中矿物颗粒间接触面或胶结物的润滑、软化，另一方面使得岩石内部的裂纹、裂隙集聚、扩展，次生孔隙率增加。而岩样的变形主要取决于矿物颗粒的变形、颗粒之间的滑移和内部微裂隙、孔隙的压密，因此，在宏观上就表现为应力－应变曲线明显变缓，压密段长度变长，峰值强度时对应的轴向应变变大；在4次循环作用之后，这种变化逐渐趋于缓慢，主要是由于在试验后期，浸泡溶液中的离子交换和吸附作用逐渐达到平衡，溶液中离子浓度趋于稳定，各种水－岩作用趋于减弱，如果考虑动水循环作用，这种劣化效应可能更加明显。

（4）不同围压情况下，砂岩试样的弹性模量和变形模量变化规律基本一致，其变化规律与浸泡—风干循环水－岩作用次数的关系也可以用函数 $y = y_0[1 - a\ln(1 + bt^c)]$ 较好地拟合，拟合函数关系式如下：

（a）围压 $\sigma_3 = 0$MPa。

0.8MPa 浸泡：

$$\text{弹性模量：} E_{av0.8} = 14.392[1 - 0.0762\ln(1 + 4.4349t^{3.8526})] \tag{4.1}$$

$$\text{变形模量：} E_{c0.8} = 7.091[1 - 0.2009\ln(1 + 0.9399t^{1.8584})] \tag{4.2}$$

0.4MPa 浸泡：

$$\text{弹性模量：} E_{av0.4} = 14.392[1 - 0.0875\ln(1 + 2.1896t^{3.2788})] \tag{4.3}$$

$$\text{变形模量：} E_{c0.4} = 7.091[1 - 0.1833\ln(1 + 0.7272t^{1.9791})] \tag{4.4}$$

静水常压浸泡：

$$\text{弹性模量：} E_{av0} = 14.392[1 - 0.0797\ln(1 + 0.7585t^{3.8964})] \tag{4.5}$$

$$\text{变形模量：} E_{c0} = 7.091[1 - 0.0761\ln(1 + 0.9549t^{3.6881})] \tag{4.6}$$

（b）围压 $\sigma_3 = 5$MPa。

0.8MPa 浸泡：

$$\text{弹性模量：} E_{av0.8} = 16.665[1 - 0.1062\ln(1 + 5.1974t^{2.5701})] \tag{4.7}$$

$$\text{变形模量：} E_{c0.8} = 9.709[1 - 0.0818\ln(1 + 5.1340t^{3.6369})] \tag{4.8}$$

0.4MPa 浸泡：

$$\text{弹性模量：} E_{av0.4} = 16.665[1 - 0.0718\ln(1 + 5.5940t^{3.9161})] \tag{4.9}$$

$$\text{变形模量：} E_{c0.4} = 9.709[1 - 0.0649\ln(1 + 3.0165t^{4.7243})] \tag{4.10}$$

静水常压浸泡：

　　　　弹性模量：$E_{av0} = 16.665[1 - 0.0607\ln(1 + 3.3423t^{4.6331}]$ 　　　(4.11)

　　　　变形模量：$E_{c0} = 9.709[1 - 0.0860\ln(1 + 0.8372t^{3.8433})]$ 　　　(4.12)

(c)围压 $\sigma_3 = 10$MPa。

0.8MPa 浸泡：

　　　　弹性模量：$E_{av0.8} = 18.024[1 - 0.1145\ln(1 + 1.2155t^{2.7922})]$ 　　　(4.13)

　　　　变形模量：$E_{c0.8} = 10.9035[1 - 0.0952\ln(1 + 1.0906t^{3.3940})]$ 　　　(4.14)

0.4MPa 浸泡：

　　　　弹性模量：$E_{av0.4} = 18.024[1 - 0.1235\ln(1 + 0.7108t^{2.6077})]$ 　　　(4.15)

　　　　变形模量：$E_{c0.4} = 10.9035[1 - 0.0941\ln(1 + 0.2832t^{3.8052})]$ 　　　(4.16)

静水常压浸泡：

　　　　弹性模量：$E_{av0} = 18.024[1 - 0.1068\ln(1 + 0.5262t^{2.7626})]$ 　　　(4.17)

　　　　变形模量：$E_{c0} = 10.9035[1 - 0.0931\ln(1 + 0.0741t^{4.1760})]$ 　　　(4.18)

(d)围压 $\sigma_3 = 20$MPa。

0.8MPa 浸泡：

　　　　弹性模量：$E_{av0.8} = 19.719[1 - 0.1305\ln(1 + 1.2533t^{2.4769})]$ 　　　(4.19)

　　　　变形模量：$E_{c0.8} = 13[1 - 0.1605\ln(1 + 1.0636t^{1.9674})]$ 　　　(4.20)

0.4MPa 浸泡：

　　　　弹性模量：$E_{av0.4} = 19.719[1 - 0.1092\ln(1 + 0.6921t^{2.9944})]$ 　　　(4.21)

　　　　变形模量：$E_{c0.4} = 13[1 - 0.1381\ln(1 + 0.6684t^{2.3940})]$ 　　　(4.22)

静水常压浸泡：

　　　　弹性模量：$E_{av0} = 19.719[1 - 0.0787\ln(1 + 0.3376t^{4.1327})]$ 　　　(4.23)

　　　　变形模量：$E_{c0} = 13[1 - 0.0601\ln(1 + 0.9002t^{4.2944})]$ 　　　(4.24)

根据上述拟合函数，绘制曲线如图 4.5 和图 4.6 所示。

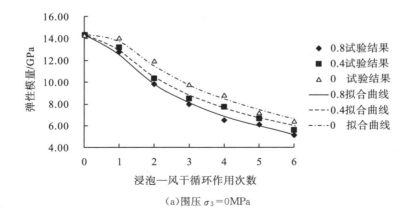

(a)围压 $\sigma_3 = 0$MPa

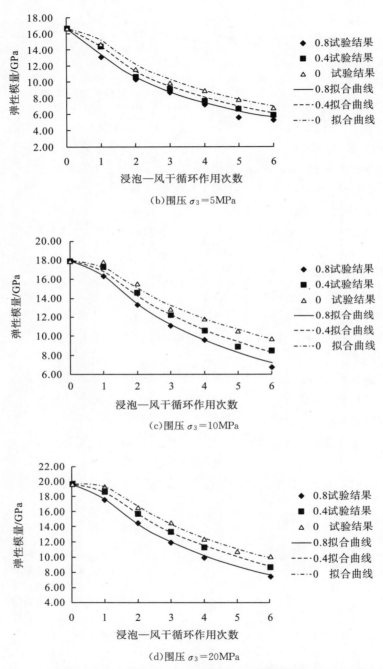

(b)围压 σ_3＝5MPa

(c)围压 σ_3＝10MPa

(d)围压 σ_3＝20MPa

图 4.5　浸泡—风干循环水－岩作用下砂岩试样弹性模量变化规律曲线

注：图中 0.8、0.4、0 分别表示浸泡时水压力大小，单位为 MPa

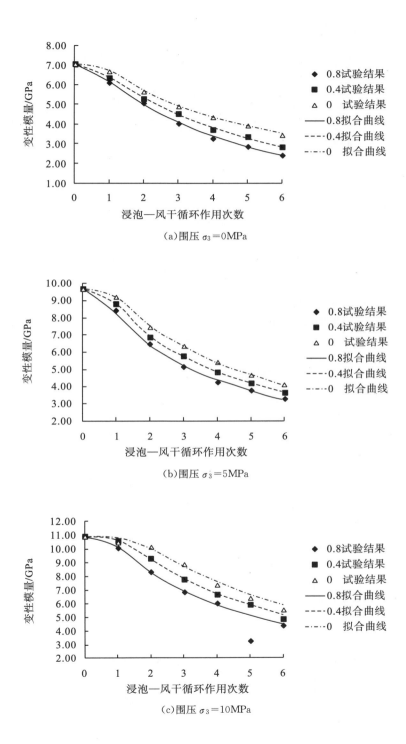

(a)围压 $\sigma_3 = 0\text{MPa}$

(b)围压 $\sigma_3 = 5\text{MPa}$

(c)围压 $\sigma_3 = 10\text{MPa}$

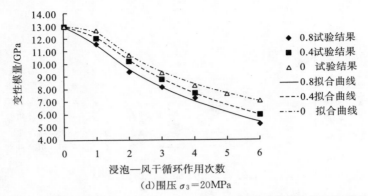

（d）围压 $\sigma_3 = 20$MPa

图 4.6　浸泡—风干循环水－岩作用下砂岩试样变形模量变化规律曲线

注：图中 0.8、0.4、0 分别表示浸泡时水压力大小，单位为 MPa

4.4　砂岩试样抗压强度变化规律分析

在水－岩作用过程中，不同浸泡—风干循环水－岩作用周期，饱水砂岩试样三轴抗压强度劣化规律曲线如图 4.7 所示。

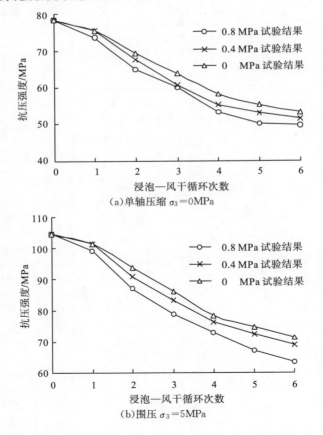

（a）单轴压缩 $\sigma_3 = 0$MPa

（b）围压 $\sigma_3 = 5$MPa

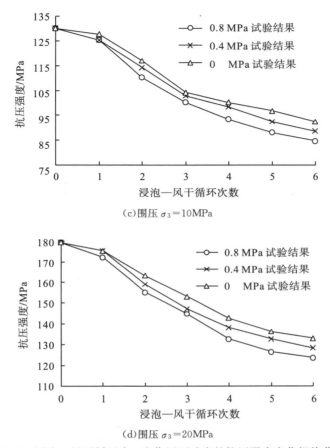

(c)围压 $\sigma_3 = 10\text{MPa}$

(d)围压 $\sigma_3 = 20\text{MPa}$

图 4.7　浸泡—风干循环水—岩作用下砂岩的抗压强度变化规律曲线

从图 4.7 可以看出，砂岩试样在浸泡--风干循环过程中抗压强度变化具有以下规律：

(1)在浸泡—风干循环过程中，砂岩试样的抗压强度逐渐降低，总体趋势明显，浸泡时的水压力变化幅度越大，劣化的趋势越明显，这个差别在循环初期相对不明显，在后期，这个差别逐渐变大，6 次循环以后，不同浸泡情况强度差别 3%～10%，说明在模拟库水消落带水—岩作用时，水压力的变化是一个不容忽视的因素。

(2)在浸泡—风干循环过程中，砂岩试样的抗压强度的劣化趋势与试验时加载的围压有关，围压越低，劣化的趋势越明显，同一期试样中，单轴抗压强度与围压 20MPa 的抗压强度降低程度相比，要大 3%～7%。例如，在浸泡—风干循环 6 次后，0.8MPa、0.4MPa 和静水常压浸泡试样单轴抗压强度分别下降了 36.37%、34.25% 和 32.15%，而围压 20MPa 时的抗压强度分别下降了 31.02%、28.42% 和 25.80%，说明浸泡—风干循环过程对岩样内部的损伤有累积放大的作用，这种损伤效应在围压较小时体现得更加明显。

(3)刘新荣等(2008)针对库岸边坡消落带砂岩，开展了干湿循环作用试验，试验结果显示，3 次循环以后，围压为 10MPa、20MPa 的抗压强度分别下降了 16.78%、15.26%；6 次循环以后，分别下降了 24.75%、22.30%。本章的试验结果为，3 次循环以后，围压为 10MPa、20MPa 的抗压强度分别下降了 19.72%~22.90%、14.57%~19.17%，6 次循环以后，分别下降了 28.89%~34.80%、25.80%~31.02%。比较而言，二者的变化趋势相似，但本章试验结果显示，水—岩作用下岩石强度劣化趋势更加明显，其原因主要是本章浸泡—风干循环水—岩作用试验中考虑了水—岩作用的时间效应，同时考虑了水压力升、降变化对岩石试样的影响，因此，力学参数劣化幅度相对较大。

4.5 砂岩试样抗剪强度参数劣化规律分析

根据水—岩作用过程中，砂岩试样三轴抗压强度的试验结果，依据摩尔—库仑准则，可以计算出各种浸泡情况下每期试样的黏聚力 c 值、内摩擦角 φ 值，如表 4.3 所示，从表中可以看出，砂岩试样在浸泡—风干循环过程中 c、φ 值变化具有以下规律。

(1)在浸泡—风干循环过程中，砂岩试样的 c、φ 值劣化趋势明显，各种浸泡情况的变化规律基本一致，浸泡时水压力变化幅度越大，c、φ 值下降得越多，而且，随着浸泡—风干循环次数的增加，这个差别越来越大。

(2)在浸泡—风干循环过程中，水—岩作用的损伤效应明显，c 值下降的幅度明显大于内摩擦角的变化，3 次循环以后，c 值下降了 15.17%~19.30%，φ 值下降 6.44%~9.45%；6 次循环以后，c 值下降了 25.86%~30.77%，φ 值下降了 11.87%~15.34%，其原因一方面是水对矿物颗粒间接触面或胶结物的溶解、润滑、软化作用，导致了黏聚力的明显下降；另一方面是岩体中溶解、扩散和沉淀等因素的影响，使得颗粒间接触边缘锯齿状或不规则状趋于变成圆滑状，从而使锯齿部分的强度下降，进而使岩石的黏聚力和内摩擦角下降。刘新荣等(2008)针对库岸边坡消落带砂岩，开展了干湿循环作用试验，试验结果显示，3 次循环以后，c、φ 值分别下降了 15.44%、7.16%；6 次循环以后，c、φ 值分别下降了 24.27%、10.51%，其变化规律与本章相似，但数值上小于本章的试验结果，其原因主要与试验方法有关，与 4.4 节(3)中解释相同。

(3)在浸泡—风干循环作用初期，c、φ 值下降相对较小，几次循环作用后，c、φ 值下降速度较快，而在 5、6 次循环作用时，下降趋势又逐渐变缓，对应单次浸泡—风干循环水—岩作用引起的 c、φ 值下降比值逐渐减小。

(4)从地质学的岩石风化规律上讲，在浸泡—风干循环若干次之后($t \rightarrow \infty$)，砂岩理论上变成黏聚力为 0 的砂，内摩擦角应该变成一个不为 0 的较小的角，结合这个特点，对上述试验数据可以用函数关系式 $y = y_0[1 - a\ln(1 + bt^c)]$ 较好地拟合。岩（土）体的抗剪强度一般可以用摩尔－库仑准则 $\tau = c + \sigma_n\tan\varphi$ 表达，根据表 4.3 统计得到的 c、φ 值变化规律可以得到不同情况下浸泡—风干循环作用后砂岩的抗剪强度衰减公式，如表 4.4 所示。根据抗剪强度衰减公式绘制曲线如图 4.8 所示。

表 4.3　浸泡—风干循环水－岩作用过程中砂岩 c、φ 值变化统计表

浸泡压力/MPa	循环次数 i	c/MPa	降低百分比 D_i	单次降低百分比 ΔD_i	φ/(°)	降低百分比 D_i	单次降低百分比 ΔD_i
	初始(0)	17.56	—	—	42.00	—	—
0.8	1	16.72	4.78	4.78	41.56	1.05	1.05
	2	15.17	13.61	8.83	39.67	5.55	4.50
	3	14.17	19.31	5.69	38.38	8.62	3.07
	4	13.33	24.09	4.78	36.78	12.43	3.81
	5	12.56	28.47	4.38	35.97	14.36	1.93
	6	12.16	30.75	2.28	35.56	15.33	0.98
0.4	1	17.23	1.88	1.88	41.32	1.62	1.62
	2	15.89	9.51	7.63	39.87	5.07	3.45
	3	14.91	15.09	5.58	38.03	9.45	4.38
	4	13.84	21.18	6.09	37.58	10.52	1.07
	5	13.20	24.83	3.64	36.80	12.38	1.86
	6	12.84	26.88	2.05	36.11	14.02	1.64
0	1	17.06	2.85	2.85	41.80	0.48	0.48
	2	16.13	8.14	5.30	40.42	3.76	3.29
	3	14.90	15.15	7.00	39.30	6.43	2.67
	4	13.98	20.39	5.24	38.29	8.83	2.40
	5	13.65	22.27	1.88	37.32	11.14	2.31
	6	13.02	25.85	3.59	37.02	11.86	0.71

注：表中降低百分比为 $D_i = (c_i - c_0)/c_0 \times 100\%$，或者 $D_i = (\varphi_i - \varphi_0)/\varphi_0 \times 100\%$，单次降低百分比为 $\Delta D_i = (D_i - D_{i-1})$

表 4.4　浸泡—风干循环水－岩作用过程中砂岩抗剪强度拟合函数关系式

浸泡压力/MPa	抗剪强度
0.8	$\tau_{0.8} = 17.56[1 - 0.06371\ln(1 + 1.1520t^{2.6317})]$ $+ \sigma_n\tan\{42.00[1 - 0.0240\ln(1 + 0.5455t^{4.00576})]\}$
0.4	$\tau_{0.4} = 17.56[1 - 0.0459\ln(1 + 0.5167t^{3.6965})]$ $+ \sigma_n\tan\{42.00[1 - 0.0218\ln(1 + 1.0085t^{3.5663})]\}$
0	$\tau_0 = 17.56[1 - 0.0596\ln(1 + 0.5107t^{2.7963})]$ $+ \sigma_n\{\tan42.00[1 - 0.0191\ln(1 + 0.3141t^{4.1921})]\}$

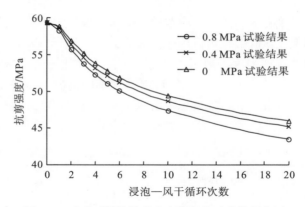

图 4.8　砂岩试样抗剪强度变化规律及趋势拟合图

从图 4.8 可以看出，砂岩的抗剪强度随着浸泡—风干循环次数的增加而逐渐降低。在循环作用前期，下降速率较快，随着循环次数的增加，抗剪强度的降低速率趋于缓慢。

4.6　砂岩试样破坏形态研究

砂岩试样在不同围压、不同浸泡—风干循环水－岩作用次数情况下破坏形态不一样，其对应破坏机理也是不一样的，为了研究试样在不同围压、不同作用周期的破坏形态变化规律，特列出了不同作用周期砂岩试样的破坏形态照片，如图 4.9～图 4.12 所示。

(a)浸泡压力：0.8MPa

(b)浸泡压力：0.4MPa

(c)浸泡压力：0MPa

图 4.9　不同浸泡压力条件下试样破坏照片

注：σ_3＝0MPa，从左至右按浸泡—风干循环水—岩作用次数排列

（a)浸泡压力：0.8MPa

(b)浸泡压力：0.4MPa

（c)浸泡压力：0MPa

图 4.10　不同浸泡压力条件下试样破坏照片

注：σ_3＝5MPa，从左至右按浸泡—风干循环水—岩作用次数排列

(a)浸泡压力：0.8MPa

(b)浸泡压力：0.4MPa

(c)浸泡压力：0MPa

图 4.11　不同浸泡压力条件下试样破坏照片

注：$\sigma_3=10$MPa，从左至右按浸泡—风干循环水—岩作用次数排列

(a)浸泡压力：0.8MPa

(b)浸泡压力：0.4MPa

(c)浸泡压力：0MPa

图 4.12　不同浸泡压力条件下试样破坏照片

$\sigma_3=20$MPa，从左至右按浸泡—风干循环水－岩作用次数排列

把岩石试样侧面展开成一个平面，详细绘制每个破坏试样的裂缝展开图，测量主要剪切破坏角(剪切破坏面与水平方向之间所夹的锐角)，由于岩体破坏时形成的剪切面两边在试样表面形成的角度并不相同，而且有的试样破坏时裂缝不止一条，因此统计的剪切破坏角是一个范围，如表 4.5 所示。

表 4.5　砂岩试样主要剪切破坏角

浸泡压力/MPa	围压/MPa	浸泡—风干循环水－岩作用次数						
		0	1	2	3	4	5	6
0.8MPa	0	85°~89°	79°~85°	75°~85°	64°~81°	58°~79°	57°~77°	55°~75°
	5	76°~78°	64°~77°	68°~75°	63°~74°	61°~73°	56°~72°	69°~76°
	10	68°~75°	64°~74°	64°~73°	60°~72°	55°~67°	46°~65°	59°~70°
	20	55°~68°	52°~65°	46°~65°	60°~71°	50°~65°	59°~63°	58°~61°
0.4MPa	0	85°~89°	85°~86°	82°~84°	79°~81°	78°~81°	71°~79°	66°~76°
	5	76°~78°	75°~77°	74°~77°	69°~76°	66°~70°	62°~70°	68°~75°
	10	68°~75°	65°~75°	59°~76°	57°~77°	70°~75°	66°~76°	57°~78°
	20	55°~68°	69°~72°	65°~69°	61°~69°	56°~75°	57°~74°	63°~72°
0	0	85°~89°	83°~85°	75°~79°	67°~79°	70°~77°	68°~79°	77°~81°
	5	76°~78°	73°~80°	66°~78°	72°~78°	57°~62°	66°~72°	72°~80°
	10	68°~75°	62°~74°	67°~71°	78°~82°	56°~64°	60°~63°	62°~73°
	20	55°~68°	65°~75°	61°~73°	63°~72°	53°~72°	63°~73°	60°~71°

结合图 4.9～图 4.12 和表 4.5 可以看出，在浸泡—风干循环过程中，砂岩试样的破坏特征具有如下规律。

(1)单轴压缩时，砂岩试样端部基本都出现了破裂圆锥面，在锥底产生近乎沿轴向的张拉破坏，破坏时在试样表面形成与轴向近乎平行的裂缝，部分试样出现了类似于"压杆失稳"的岩片折断破坏，试验中偶尔可以听到清脆的破裂声，属于典型的脆性张拉破坏；随着围压升高，岩石试样张性破坏特征逐渐减弱，剪性破坏特征逐渐明显，即由张性破坏过渡到张剪性破坏，由张剪性破坏过渡到剪张性破坏。如图 4.10 和图 4.11 所示，从砂岩试样的破坏形态来看，围压较小时，绝大多数试样的主要剪切破坏面都始于岩样的一个端面而终于另一个端面，试样破坏时存在一个或者两个相互连接的剪切面，其破裂角随围压增大而减小，同时也存在一定数量的与轴向近乎平行的裂缝。如图 4.12 所示，当围压较大（20MPa）时，试样的主要剪切破坏面基本是始于岩样的一个端面而终于岩样的侧面，试样破坏时往往只有单一的剪切破坏面。

（2）根据库仑强度准则，如图 4.13 所示，假设岩体破坏时的剪切破坏角为 β，当作用在岩体上的主应力满足式（4.25）时，岩体处于极限平衡状态。

$$\sigma_1 = \sigma_3 + \frac{2(c + \sigma_3 \tan\varphi)}{(1 - \tan\varphi \cot\beta) \sin 2\beta} \tag{4.25}$$

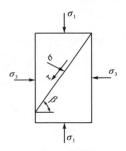

图 4.13　岩体试样破坏示意图

从式（4.25）可以看出，β 满足 $\varphi < \beta < \pi/2$，岩石试样破坏时，一般是沿着其最弱的面产生破坏，为了求得 σ_1 的最小值，对式（4.25）两边求导得

$$\beta = 45° + \frac{\varphi}{2} \tag{4.26}$$

即岩石破坏的剪切破坏角为 $45° + \varphi/2$，根据前面各期试样的三轴强度计算可得不同循环次数砂岩试样的内摩擦角为 $35.56° \sim 42.00°$，可得对应的计算剪切破坏角为 $62.78° \sim 66.00°$，与表 4.5 实测值相差较大，在围压较小时，这个差别特别明显，一方面，由于围压较小时，岩样的破坏形式较为复杂，不是单纯的剪切破坏，在围压较大时，剪切破坏特征才逐渐明显；另一方面，根据以往研究，倾角在 $45° + \varphi/2$ 附近岩样的承载能力变化不大，围压或摩擦对承载能力的作用差别不大，由于岩石的非均质性，实际剪切破坏角将受到岩样内部的层理、裂隙等影响，具有一定的随机性，并不一定沿 β 倾角方向破坏，由此可见，库仑准则可以预测破坏角总体变化趋势，但具体数值上误差较大。

（3）从总体统计规律来看，随着围压增大，砂岩试样破坏时的剪切角逐渐变小。这一点可以如下解释，如图 4.14 所示，根据摩尔应力圆包络线可知，砂岩试样的强度曲线近似双曲线型，为了计算方便，通常将曲线简化成两条或者两条以上的直线相连的折线型，图中简化成 l_1 和 l_2 两条直线，可见，岩石的 c、φ 值随围压大小而变化，围压较低时，c 值较小、φ 值较大；而围压较高时，c 值较大、φ 值较小。根据前面分析的试样破坏时的剪切破坏角表达式 $\beta=45°+\varphi/2$ 可知，当围压较高时，φ 值变小，进而使得 β 变小。

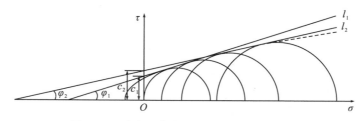

图 4.14　砂岩双曲线型、折线型强度包络线

（4）从总体统计规律来看，相同围压破坏的试样，浸泡时水压力变化越大，其剪切破坏角相对越小，说明水压力的升、降变化对试样强度参数的劣化影响较大，这一点在前面已经详细分析；并且，随着浸泡—风干循环水－岩作用次数的增加，砂岩试样的剪切破坏角有逐渐变小的趋势，前面的分析发现，随着浸泡—风干循环水－岩作用次数的变化，试样的内摩擦角是逐渐衰减的，根据剪切破坏角表达式 $\beta=45°+\varphi/2$ 可知，φ 值变小，剪切破坏角也会逐渐变小，这也和前面分析的试样逐渐"变软"的趋势是一致的。

4.7　小　结

（1）设计了考虑水压力升、降变化的浸泡—风干循环作用试验，较好地模拟了库水消落带的水－岩作用。在浸泡—风干循环作用过程中，岩样的应力-应变曲线逐渐变缓，压密段长度逐渐变长，弹性变形段的斜率逐渐变小，弹性模量逐渐降低，屈服阶段也逐渐变长，屈服平台明显，达到峰值强度时对应的轴向应变逐渐变大，岩石试样有逐渐"变软"的趋势。

（2）在浸泡—风干循环水－岩作用过程中，三种浸泡情况下，砂岩试样的抗压强度逐渐下降的趋势基本一致，但是，浸泡时的压力变化越大，强度下降的趋势越明显，并且砂岩试样的抗压强度下降趋势与试验时加载的围压有关，围压越低，下降的趋势越明显。

（3）在浸泡—风干循环水－岩作用过程中，水－岩作用对试样的强度造成损伤效应较大，黏聚力下降的幅度明显大于内摩擦角的变化，6 次循环以后，c 值下降了 $25.86\%\sim30.77\%$，φ 值下降了 $11.87\%\sim15.34\%$。

（4）岩样的弹性模量、变形模量随着浸泡—风干循环水－岩作用次数的增加逐渐降低，趋势明显。弹性模量和变形模量下降的幅度要明显大于抗压强度的下降幅度，弹性模量的下降幅度要比变形模量的下降幅度大，而且不同浸泡压力的试样变化差别明显，浸泡时压力变化越大，弹性模量和变形模量劣化得越严重。

（5）在浸泡—风干循环过程中，水－岩作用对试样的强度损伤效应较大，砂岩试样的弹性模量、变形模量、抗压强度和 c、φ 值逐渐劣化，变化趋势基本一致，而且浸泡时压力变化幅度越大，强度劣化的趋势越明显。在循环作用初期，劣化幅度比较小；2~4 次浸泡—风干循环水－岩作用时，劣化速率相对较快；5~6 次循环作用时，劣化速率相对变缓，并逐渐趋于缓慢。

（6）随着围压的增大，岩石试样张性破坏特征逐渐减弱，剪性破坏特征逐渐明显，即由张性破坏过渡到张剪性破坏，由张剪性破坏过渡到剪张性破坏，围压达到 20MPa 时，试样破坏往往只有单一的剪切破坏面。

（7）从总体统计规律来看，随着围压增大，砂岩试样破坏时的剪切破坏角逐渐变小，相同围压破坏的试样，随着浸泡—风干循环次数的增加，剪切破坏角有逐渐变小的趋势，这与砂岩试样强度参数劣化的规律是一致的。

（8）浸泡—风干循环水－岩作用对岩样的损伤在微观上表现为其微观结构的变化，包括孔隙、裂隙、裂纹的聚集、扩展等，在宏观上则表现为岩石力学性质的劣化。而这个损伤演化过程与水－岩物理、化学作用和力学作用密切相关，从本章的试验结果来看，除了水－岩物理、化学作用之外，水压力的升、降变化和浸泡—风干循环水－岩作用过程对损伤演化规律有着非常重要的影响，这也是本章研究的重点。浸泡—风干循环水－岩作用对岩体的损伤是一种累积性发展的过程，即每一次的效应并不一定很显著，但多次重复发生，却可使效应累积性增大，导致岩体质量逐渐劣化。

第 5 章　水－岩作用下损伤砂岩力学特性
劣化规律研究

地震作用除了导致部分山体的直接崩塌、滑坡等变形破坏，也形成了大量的"震裂山体"和"震松山体"（肖锐铧等，2009；朱兴华等，2012），在后期降雨或者库水浸泡作用下，很可能诱发新的崩塌、滑坡、泥石流灾害。据日本和中国台湾的经验，大地震发生后，其引发的次生地质灾害隐患所产生的影响将持续10 年左右，特别是震区滑坡、泥石流灾害，有的专家预测其强烈活动时段甚至可能长达 10~30 年。

汶川地震至今的几年时间里，震区的大小次生地质灾害不断，其中，2010年 8 月，四川龙门山地震断裂带沿线连降暴雨，汶川、都江堰、绵竹等地再次发生泥石流、滑坡、崩塌等地质灾害，造成严重伤亡，舟曲发生的特大山洪泥石流造成 1248 人遇难，496 人失踪。汶川地震引发的次生地质灾害再次引起人们的广泛关注和高度重视，对震后边坡岩体在降雨或库水浸泡作用下的力学特性变化规律进行研究，以及科学合理地评价这些坡体的稳定性和变形发展趋势是非常有必要的。

岩石变形、强度特征及断裂损伤力学特性与所受的应力状态及加载历史密切相关，岩石的破坏实际上是内部微裂纹、微缺陷等在荷载条件下断裂、扩展、聚合及相互作用过程的宏观表现。地震作用后，边坡岩体在降雨或者库水浸泡作用下更易发生失稳，主要与地震对边坡岩体的损伤作用有关。现实中的库岸边坡岩体除了要经受浸泡—风干循环水－岩作用，库水位升、降带来的水压力变化对岩体的循环加卸载也不可忽视，特别像拱坝坝肩边坡岩体，受到拱坝反复变化的推力作用，在库水位大幅度变化时循环加卸载作用将特别明显。循环加卸载作用后，岩样内部的裂纹、裂隙将更加发育，水－岩作用的影响将更加明显。

运用循环加卸载的方法对岩石试样进行人为的损伤，是比较常用的方法，可以较好地模拟地震作用对岩体内部损伤的累积。因此，本章以水电工程中常见的砂岩为试验研究对象，先进行循环加卸载试验，模拟地震作用对岩体内部的损伤，再进行水－岩作用试验，对损伤岩样在水－岩作用下的劣化效应和机制进行详细的分析。

5.1 损伤砂岩水－岩作用试验设计

5.1.1 损伤砂岩试样制作

选用前面第 4 章试验中加工完成的 ϕ50mm×100mm（直径×高度）规格的标准试样，先测定其纵波波速和回弹值，再进行循环加卸载损伤试验。

为了确定循环加卸载值的大小，先取一组试样进行单轴抗压试验，抗压强度为 75MPa（荷载为 150kN）左右，根据以往的一些试验经验，设计循环荷载上限 70kN，下限 40kN，循环 10 次，然后卸载为 0。对于加卸载循环次数的选择，主要根据循环次数的增加，滞回圈的面积逐渐减小，加卸载路径趋于一致而尝试确定，同时，考虑到此试验为对比试验，需尽量保证各个试样的均匀性，避免试样在循环加卸载时产生宏观裂缝和裂纹而增大试样的差异性，也控制了加卸载的次数。循环加卸载试验完成后，选取外观完整、没有肉眼可见裂纹的试样，再次测试纵波波速、回弹值，选取纵波波速、回弹值相近的试样进行浸泡—风干循环水－岩作用试验。典型的砂岩试样循环加卸载图形如图 5.1 所示。

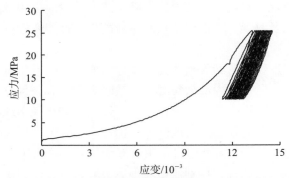

图 5.1 典型岩样循环加卸载作用下的应力－应变曲线

从图 5.1 可以看出，在循环加卸载初期，岩样有较为明显的压密阶段，最初的几次循环滞回圈面积较大，试样产生了较大的不可逆变形，随着循环次数的增加，滞回圈的面积逐渐减小，加卸载路径趋于一致，不可逆变形的增长趋于衰减。循环加卸载的过程，总是伴随着老的裂缝闭合，新裂缝的产生，而对于岩石试样总体而言，有压密的趋势，岩石试样循环加卸载前后超声波纵波波速变快的现象也很好地验证了这点。

以往的研究发现，在不产生宏观裂纹时，循环加卸载作用下岩石试样弹性模量和屈服强度会不同程度提高，但这些试验往往是考虑没有水作用的情况，循环加卸载损伤岩体在饱水或者浸泡—风干循环水－岩作用后的力学性质变化是否遵循这个规律还值得进一步研究。

5.1.2 水－岩作用试验方案

(1)对试样先进行循环加卸载损伤，再进行浸泡—风干循环水－岩作用试验，研究损伤岩体在循环过程中的强度劣化规律。

(2)对循环加卸载损伤砂岩试样进行水－岩作用试验，采用第 4 章介绍的考虑不同浸泡压力的浸泡—风干循环水－岩作用试验方案，试验设计三个平行浸泡方案：①静水常压；②浸泡压力为 0.4MPa；③浸泡压力为 0.8MPa。后两个方案中，浸泡时考虑水压力升、降变化。

压力浸泡装置采用研究团队研制开发的水－岩作用专用实验仪器 YRK-1 岩石溶解试验仪，如图 1.4 所示，可以在浸泡时模拟水压力的变化过程。

(3)浸泡—风干循环水－岩作用过程中，同时考虑时间效应和试验的可操作性，参考以往类似试验的浸泡周期，每次浸泡时间为 30 天，在近似模拟库水位的升、降变化时，前 10 天为压力上升期，中间 10 天为压力稳定期，后面 10 天为压力下降期，每满 30 天后，各取出一组试样进行抗压强度试验，把其余试样取出自然风干，时间为 5 天，然后把风干试样重新放置在浸泡仪器中继续浸泡，如此循环。设计循环次数为 4 次，每种方案均有 4 组试样。

(4)在试验过程中，在进行单轴抗压强度试验之前，先测定回弹值和纵波波速，可以根据纵波波速、回弹值和抗压强度较好的相关性综合分析评价损伤岩体在浸泡—风干循环水－岩作用下的劣化规律。

5.2 水－岩作用下损伤砂岩纵波波速、回弹值变化规律

按照设计试验方案，每隔 30 天把浸泡试样取出，测量每个损伤试样的纵波波速和回弹值，分别以各个损伤试样初始纵波波速和回弹值为标准，进行归一化处理，即用各损伤岩样的初始纵波波速(回弹值)除以该岩样各浸泡—风干循环作用周期的纵波波速(回弹值)，绘制不同浸泡—风干循环水－岩作用周期的损伤砂岩试样归一化的纵波波速、回弹值变化规律曲线，如图 5.2 和图 5.3 所示。

从图 5.2 和图 5.3 可以看出，不同浸泡—风干循环水－岩作用周期的砂岩试样的纵波波速、回弹值变化具有以下特点。

(1)在浸泡—风干循环水－岩作用过程中，三种浸泡压力情况下，砂岩试样的纵波波速、回弹值均逐渐下降，不同时期，各岩石试样下降幅度的差别相对较大，但总体趋势明显。1 次浸泡—风干循环水－岩作用后，纵波波速、回弹值下降 5%左右；2 次浸泡—风干循环水－岩作用后，下降 6%~11%左右；4 次浸泡—风干循环水－岩作用后，下降 12%~21%左右，其中回弹值的下降速率快于纵波波速的下降速率。

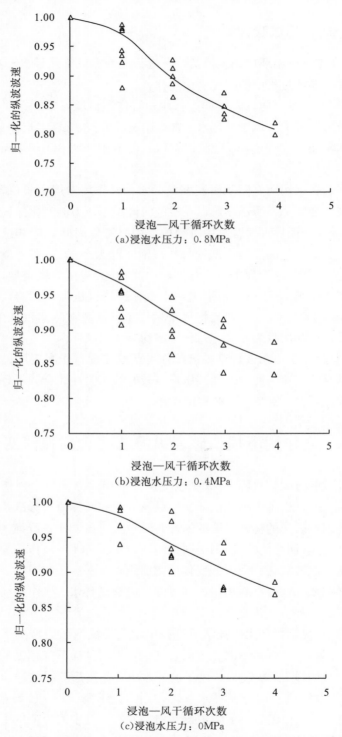

图 5.2   水—岩作用过程中损伤砂岩归一化的纵波波速变化规律曲线

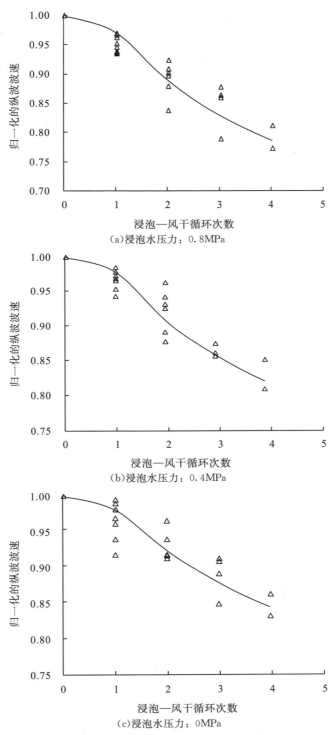

图 5.3　水—岩作用过程中损伤砂岩归一化的回弹值变化规律曲线

（2）在经历 1 次浸泡—风干循环水－岩作用后，不同压力浸泡情况下砂岩试样的纵波波速、回弹值变化趋势基本一致；在经历 2、3 次浸泡—风干循环水－岩作用后，纵波波速、回弹值下降速率相对较快，且各种浸泡情况的差别逐渐明显，浸泡时水压力变化越大，纵波波速、回弹值下降的幅度越大；在 3、4 次浸泡—风干循环水－岩作用后，下降速率逐渐相对较缓。砂岩损伤试样的纵波波速、回弹值变化与浸泡时间的关系可以用函数 $y=1-a\ln(1+bt^c)$ 较好地拟合，拟合函数关系式如下。

0.8MPa 浸泡压力：

$$\text{纵波波速：} \frac{v_t}{v_0}=1-0.0278\ln(1+1.7449t^{4.5743}) \tag{5.1}$$

$$\text{回弹值：} \frac{R_t}{R_0}=1-0.0398\ln(1+1.1199t^{3.7901}) \tag{5.2}$$

0.4MPa 浸泡压力：

$$\text{纵波波速：} \frac{v_t}{v_0}=1-0.0734\ln(1+0.5794t^{1.7430}) \tag{5.3}$$

$$\text{回弹值：} \frac{R_t}{R_0}=1-0.0315\ln(1+0.9568t^{4.1429}) \tag{5.4}$$

静水常压浸泡：

$$\text{纵波波速：} \frac{v_t}{v_0}=1-0.0545\ln(1+0.4363t^{2.170}) \tag{5.5}$$

$$\text{回弹值：} \frac{R_t}{R_0}=1-0.0352\ln(1+0.7327t^{3.4603}) \tag{5.6}$$

根据上述拟合函数，绘制曲线如图 5.4 所示。

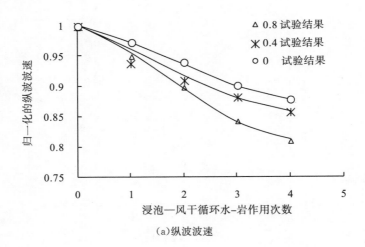

(a)纵波波速

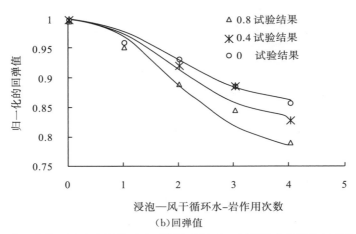

（b）回弹值

图 5.4 水－岩作用过程中损伤砂岩试样纵波波速、回弹值变化规律及趋势拟合图

注：图中 0.8、0.4、0 分别表示浸泡时水压力大小，单位为 MPa

从图 5.4 可以看出，在经历 1 次浸泡—风干循环水－岩作用后，不同压力浸泡情况下砂岩试样的纵波波速、回弹值变化趋势基本一致，在经历多次浸泡—风干循环水－岩作用后，各种浸泡压力情况的差别逐渐明显，而且浸泡时水压力变化越大，纵波波速、回弹值下降的幅度越大。

分析其原因主要是在循环加卸载时，在旧裂缝闭合和新裂缝的产生过程中会产生大量的岩石碎屑，充填到附近空隙，岩石内部趋于密实，对岩石试样总体而言，有压密的趋势，在一定程度上可以提高裂隙面间的摩擦能力，进而提高岩石强度，岩石试样循环加卸载后纵波波速变快也很好地验证了这点。岩石试样在浸泡—风干循环水－岩作用过程中时，由于损伤岩体内部的裂缝要比完整试样多得多，特别是水压力变化时，更有利于水分子在岩体中的内渗、外渗和渗透通道的形成，一方面可以促进岩石内部矿物颗粒和岩屑的迁移，另一方面裂纹面为水化学反应提供了更多的反应表面，从而促进裂隙、裂纹的进一步扩展和聚集，在力学性质上表现为纵波波速、回弹值的下降。

5.3 损伤砂岩的抗压强度劣化规律

浸泡—风干循环水－岩作用下，循环加卸载砂岩损伤试样的单轴抗压强度统计值如表 5.1 所示。

表 5.1 浸泡—风干循环水－岩作用过程中损伤砂岩单轴抗压强度统计表

周期	单轴抗压强度/MPa			单轴抗压强度下降百分比/%		
	0.8MPa	0.4MPa	0MPa	0.8MPa	0.4MPa	0MPa
初始	70.64	70.64	70.64	0	0	0

续表

周期	单轴抗压强度/MPa			单轴抗压强度下降百分比/%		
	0.8MPa	0.4MPa	0MPa	0.8MPa	0.4MPa	0MPa
1期	62.16	65.21	63.27	12.01	7.68	10.43
2期	49.53	53.80	54.53	29.89	23.83	22.81
3期	48.03	46.86	51.63	32.01	33.66	26.91
4期	39.79	42.61	45.51	43.67	39.69	35.57

从表 5.1 可以看出，各期砂岩损伤试样的单轴抗压强度变化规律明显，随着循环次数的增加，抗压强度逐渐衰减，其中，在经历第一次循环作用之后，不同压力浸泡情况下抗压强度变化趋势基本一致，在经历 2、3 次浸泡—风干循环水－岩作用后，下降速率相对较快，而且各种浸泡情况的差别逐渐明显，浸泡时水压力变化越大，抗压强度下降的幅度越大，此后，抗压强度的下降速率逐渐趋于相对较缓。砂岩损伤试样的单轴抗压强度变化与浸泡—风干循环水－岩作用次数的关系可以用函数 $y = y_0 - a\ln(1 + bt^c)$ 较好的拟合，拟合函数关系式如表 5.2 所示。

表 5.2　浸泡—风干循环水－岩作用过程中损伤砂岩单轴抗压强度拟合函数关系式

类别	单轴抗压强度
0.8MPa	$f_{0.8} = 70.639 - 3.718\ln(1 + 5.501t^{4.678})$
0.4MPa	$f_{0.4} = 70.639 - 4.322\ln(1 + 2.796t^{4.001})$
0MPa	$f_0 = 70.639 - 4.542\ln(1 + 4.061t^{2.835})$

根据上述拟合函数，绘制曲线如图 5.5 所示。

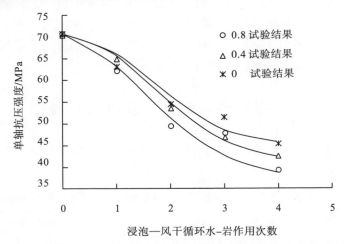

图 5.5　水－岩作用过程中损伤砂岩试样单轴抗压强度变化规律及趋势拟合图

注：图中 0.8、0.4、0 分别表示浸泡时水压力大小，单位为 MPa

比较图 5.2 和图 5.5，在浸泡—风干循环水－岩作用过程中，损伤砂岩的回弹值、纵波波速和单轴抗压强度变化趋势相似，呈现较好的相关性，但是变化幅度差别较大，存在明显非线性的关系，经过比较分析，回弹值、纵波波速和单轴抗压强度的相关统计表达式可采用如下指数形式表示：

$$\sigma_{c1} = a v_P{}^b R^c = 6.79 e^{-6} v_P{}^{1.645094} R^{0.871132} \tag{5.7}$$

式中，σ_{c1} 表示岩石试样的单轴抗压强度（MPa）；v_P 表示岩石试样的纵波波速（m/s）；R 表示岩石试样的回弹值；拟合公式相关系数为 0.867。

5.4　水－岩作用下损伤砂岩和"完整"砂岩劣化规律比较

为了与第 4 章"完整"试样的试验结果进行对比分析，特将两种试样的单轴抗压强度、弹性模量和变形模量的变化规律列入表 5.3。

表 5.3　水－岩作用下损伤砂岩和"完整"砂岩力学参数劣化规律比较

浸泡压力	时间	"完整"试样			循环加卸载损伤试样		
		单轴抗压强度下降百分比/%	弹性模量下降百分比/%	变形模量下降百分比/%	单轴抗压强度下降百分比/%	弹性模量下降百分比/%	变形模量下降百分比/%
	初始	0.00	0.00	0.00	0.00	0.00	0.00
	1 期	7.65	10.56	13.80	12.01	9.42	17.62
	2 期	17.65	31.08	28.20	29.89	37.09	33.22
0.8MPa	3 期	24.14	44.02	42.61	32.01	52.08	55.47
	4 期	31.79	54.36	53.66	43.67	64.47	61.00
	5 期	37.63	57.24	59.37	—	—	—
	6 期	40.50	63.97	65.92	—	—	—
	初始	0.00	0.00	0.00	0.00	0.00	0.00
	1 期	5.64	7.88	10.20	7.68	10.76	18.06
	2 期	14.43	27.53	25.41	23.83	17.66	31.98
0.4MPa	3 期	23.40	40.41	36.08	33.66	43.77	50.69
	4 期	29.67	45.90	47.11	39.69	58.98	52.86
	5 期	34.39	53.32	52.51	—	—	—
	6 期	38.30	60.78	59.87	—	—	—
	初始	0.00	0.00	0.00	0.00	0.00	0.00
0MPa	1 期	5.57	1.68	5.48	10.43	7.64	7.64
	2 期	12.43	16.34	19.80	22.81	22.77	28.43

浸泡压力	时间	"完整"试样			循环加卸载损伤试样		
		单轴抗压强度下降百分比/%	弹性模量下降百分比/%	变形模量下降百分比/%	单轴抗压强度下降百分比/%	弹性模量下降百分比/%	变形模量下降百分比/%
0MPa	3期	20.08	31.52	30.76	26.91	38.58	45.07
	4期	26.24	38.51	37.89	35.57	52.00	48.57
	5期	30.73	49.59	44.20	—	—	—
	6期	34.17	55.09	51.23	—	—	—

从表 5.3 可以明显地看出：

（1）在浸泡—风干循环水－岩作用过程中，"完整"砂岩试样和循环加卸载试样的强度和力学参数劣化趋势基本一致，但是，由于循环加载损伤时可能增加了试样本身的差异性，其试验结果没有"完整"试样的结果规律性强，存在一定的离散性。

（2）对于相同浸泡—风干循环水－岩作用周期，损伤试样的单轴抗压强度、弹性模量和变形模量的下降幅度要明显得多，4 次浸泡—风干循环水－岩作用后，0.8MPa、0.4MPa 压力和静水常压浸泡时，"完整"试样的单轴抗压强度分别下降了 31.79%、29.67%、26.24%，而损伤试样的单轴抗压强度分别下降了 43.67%、39.69%、35.57%，相差 10% 左右，而且随着循环次数增加，差别逐渐增大，说明损伤岩体对水－岩作用更加敏感，水－岩物理、化学、力学综合作用更加强烈，循环加卸载时闭合的新、旧裂缝在浸泡—风干循环水－岩作用过程和水压力的升、降变化作用下趋于张开、发展和聚集，岩体的损伤会进一步累积扩大，这也能较好地解释一些震后边坡在浸泡或者降雨时出现失稳的原因。

5.5　水－岩作用下损伤砂岩力学特性劣化机制分析

综合上面的试验结果分析可以看出，经历循环加卸载初始损伤的岩样在浸泡—风干循环水－岩作用下，其物理、力学性质具有明显的劣化效应，主要有以下几个方面的原因。

（1）岩石是由大小、形状不一的各种矿物颗粒胶结在一起构成的一种典型非均质、多缺陷的材料，岩石内部往往存在着大量弥散分布的细观裂纹、裂隙和孔隙。在循环加卸载过程中，岩样的压缩变形主要包括裂纹或孔隙闭合、矿物颗粒界面间滑移和岩石材料的压缩变形三个部分。由于岩样内部的多孔性和非均质的特点，在循环加卸载作用过程中，矿物颗粒局部实际接触应力往往远高于名义应力，会产生较大的局部接触变形乃至出现局部破坏，而产生的碎屑在卸载时很容易脱落，充填到附近的空隙，改善矿物颗粒间的接触状态，宏观上表现为岩样内部孔隙减小、裂纹闭合以及弹性模量和抗压强度等不同程度提高。本章的试验中，岩样经历初始循环加载作用之后，其纵波波速和单轴抗压强度略有增大，这与以往的试验现象是类似的。另一方面，循环加卸载作用导致的岩石矿物颗粒界面滑移、局部接触变形和破坏不仅使得岩样产生塑性变形，而且使得岩样内部形成初始损伤，只是这个损伤效应在没有其他因素（如水－岩作用）的影响下往往容易被承载能力的提高所掩盖。经过循环加卸载作用的损伤砂岩在水－岩作用之前强度的增大，以及在水－岩作用过程中相对于完整岩样更快的劣化速率就很好地证明了这一点。

（2）水与岩石之间的物理、化学和力学作用是影响其力学性质的主要因素，岩样内部的裂纹、裂隙尖端区域，是水岩物理、化学、渗透作用的活跃地带。与完整岩样相比，损伤岩样内部的微裂纹、孔隙、缺陷明显较多，只是经历循环加卸载作用之后，这些缺陷近乎处于闭合或者充填状态。在进行有压浸泡时，水分子内渗，进入岩石的孔隙、裂隙中，润滑和软化矿物骨架，导致矿物颗粒间胶结物发生溶解和溶蚀反应，各种矿物（如钙长石、钾长石、钠长石等）也发生物理、化学反应或离子交换，生成各种次生矿物，如高岭石和二氧化硅等；在浸泡水压力下降和风干过程中，岩样内部水分子外渗，促进水－岩作用产生的次生矿物和离子向外迁移；另外，水压力的升、降变化所产生的力学效应也是非常重要的，水压力变化在裂隙尖端处产生的应力集中容易诱发裂隙扩张、扩展，次生孔隙率增加。总体来说，在水－岩物理、化学、力学综合作用下，试样中裂隙、裂纹发展和次生孔隙率的增加，导致砂岩损伤试样进一步损伤，在力学性质上表现为纵波波速、回弹值和单轴抗压强度的下降。

（3）浸泡－风干循环水－岩作用下损伤岩样的微观变化现象也可以从岩样最终的破坏面较好地反映，如图 5.6 所示是一组岩样经历不同周期的浸泡－风干循环水－岩作用的剪切破坏面照片。从图中可以看出，经历过循环加卸载损伤的岩样，在水－岩作用初期，岩样破坏面上岩粉明显较多，几乎覆盖整个剪切面，随着水－岩作用次数的增多，岩样剪切破坏面上岩粉逐渐减少，颗粒状矿物明显增多。

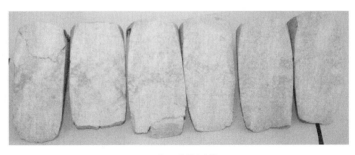

(a)水－岩作用前

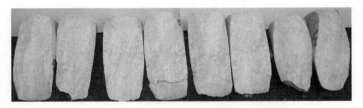

（b）1次浸泡—风干循环水－岩作用之后

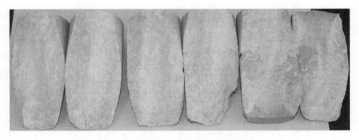

（c）3次浸泡—风干循环水－岩作用之后

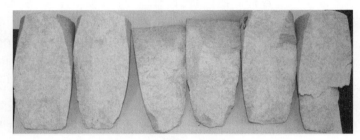

（d）4次浸泡—风干循环水－岩作用之后

图5.6　损伤岩样三轴压缩试验典型破坏面

　　结合循环加卸载对岩样的损伤作用分析可知，循环加卸载作用对岩样有一种压密效应，这个效应主要来源于两个方面：一方面是岩石内部裂纹或孔隙闭合；另一方面是循环加卸载所产生的岩粉碎屑的充填。同样是在三轴压缩荷载作用下形成宏观的剪切破坏面，但在不同的水－岩作用时期，破坏界面上的微观破坏机制是有区别的。在水－岩作用初期，由于岩样内部处于一种相对密实状态，剪切面的形成以矿物颗粒的错动、剪断为主，颗粒破碎严重，因此，剪切破坏面可见大量岩粉覆盖；而在水－岩作用后期，一方面水－岩作用导致岩样内部充填的微细岩屑、胶结物逐渐减少，另一方面水－岩作用导致岩样内部次生孔隙率增大。这两方面最终导致岩样内部颗粒间的胶结面积和强度逐渐减小，结构趋于松散，同时水－岩作用会导致岩样内部不规则的多边形矿物颗粒逐渐向浑圆形发展，剪切破坏面在形成时以矿物颗粒的滚动、滑动为主，因此，剪切破坏面上的岩粉逐渐减小，而逐渐出现较多可见的松动矿物颗粒。这些破坏特征的变化再加上水－岩作用对岩样矿物颗粒和骨架本身的软化效应，最终导致岩样的黏聚力和内摩擦角逐渐劣化，其中，黏聚力主要受矿物颗粒之间的胶结程度影响，劣化速率较快，而内摩擦角主要受矿物颗粒嵌固程度和颗粒本身强度的影响，劣化速度相对较慢。

5.6　小　结

（1）浸泡—风干循环水－岩作用过程中，循环加卸载损伤试样的纵波波速、回弹值、单轴抗压强度随循环次数增加逐渐劣化，而且劣化规律一致，说明浸泡—风干循环水－岩作用对岩体的损伤具有累积效应。

（2）在浸泡—风干循环水－岩作用过程中，水压力的升、降变化越大，岩体的损伤越大，而且随着循环次数增加，不同浸泡压力情况的差别逐渐明显，说明水压力的变化在分析水－岩作用时是一个不可忽略的因素。

（3）岩样经历初始循环加载作用之后，其单轴抗压强度略有增强，但在浸泡—风干循环水－岩作用过程中，其抗压强度劣化效应明显，与完整岩样相比，损伤岩样的强度劣化速度和幅度更大。说明岩样在循环荷载作用下已经产生内部损伤，在浸泡—风干循环水－岩作用过程中，这个损伤效应逐渐显现和放大，这也能较好地解释一些震后边坡在经历多个浸泡或降雨周期后容易失稳的原因。

（4）综合岩样微观结构变化和水－岩作用机制分析表明，在浸泡—风干循环水－岩作用过程中，水－岩物理、化学和力学作用是导致岩样内部微观结构及抗压强度、抗剪强度等力学参数劣化的根本原因，是一个从微观到宏观的累积损伤过程。

第 6 章 水-岩作用下砂岩断裂力学特性劣化规律研究

岩石内部不可避免地存在着各种各样的初始微裂纹、裂隙和缺陷，岩石变形破坏过程的实质就是岩石材料中缺陷的萌生、扩展、汇集和贯通的过程，岩石的破坏和断裂是密切相关的。在库岸边坡、坝基和采矿等众多岩土工程中，岩石的变形破坏常常有水参与，水-岩作用是影响岩土工程安全稳定的一个关键因素，很多地质灾害本质上都是由于水-岩作用导致岩土体周围环境改变，进而发生灾变。水-岩作用下的岩体力学性质变化也是许多工程学科共同关心的课题，相关领域的研究越来越被重视。

水-岩作用对裂隙岩体的断裂力学效应影响主要表现在孔隙、裂隙水压力和物理、化学、应力腐蚀两个方面：一方面，孔隙、裂隙水压力的存在降低了裂纹面上的有效正应力，进而对裂纹尖端的应力强度因子产生影响；另一方面，水和不同化学溶液的侵蚀会对岩石产生不同程度的腐蚀作用，将改变岩体的物理状态和微细观结构，使其力学特性发生变化(陈枫，2002)。消落带是库岸边坡稳定的敏感地带，在库水位反复升、降作用下，岩石的断裂韧度变化规律对库岸边坡的稳定性是十分关键的。基于此，本章在充分考虑库岸边坡消落带岩体赋存环境的基础上，设计了长期浸泡和浸泡—风干循环作用两种水-岩作用试验方案，研究库岸边坡消落带典型砂岩在水-岩作用下的断裂韧度劣化规律和劣化机理。鉴于岩石断裂韧度测试方法的复杂性，在砂岩断裂力学特性试验研究过程中，从理论上推导分析了岩石Ⅰ型断裂韧度与抗拉强度之间的关系，并结合大量的试验数据进行了验证。

6.1 砂岩Ⅰ型断裂韧度及其与强度参数的相关性研究

岩石断裂的力学参数，如断裂韧度在岩石的切削、钻探、水压致裂、爆破、隧道开挖所涉及的岩石破裂过程中的重要性已显而易见，岩土工程和采矿工程越来越关注岩石断裂韧度的测试。近年来，对地热能源和其他能源(油和气)的需求越来越大，在这些能源开发项目中，经常采用水压致裂和现场爆破技术，因而，关于岩石断裂韧度的评价显得愈加重要。自然状态中的岩体，由于构造应力和自重应力的作用，压剪破坏是常见的破坏模式，但即使处于压剪应力状态，其裂纹尖端仍处于拉剪应力状态，裂纹发生转折、断裂面发生分离都是由于张应力超过了原子间的结合力，导致Ⅰ型破坏(陈枫，2002)。国内外较多学者也对压剪应力状态裂纹的张性扩展进行了大量的研究，认为裂纹总是以转折的方式发生Ⅰ型断裂，而滑移型（Ⅱ型）和撕开型（Ⅲ型）裂纹扩展实质是裂纹Ⅰ型起裂后在扩展过程中产生的次生现象。因此，探讨岩石的Ⅰ型断裂韧度及其与强度参数的相关性具有十分重要的理论和工程意义。

目前，关于各种岩石的断裂韧度参数研究取得了较多成果，主要集中在各类岩石的静态、动态断裂韧度测试和分析，同时，对岩石断裂韧度参数与强度参数之间的相关性方面也进行了较多的研究。陈星（2010）从理论上分析了岩石强度准则的材料参数和压剪断裂理论的断裂韧度之间的关系，但二者关系确定的基础是先根据经验假定裂纹扩展方向 θ 和扩展半径 r，因此，其结果往往存在较大的人为因素；李江腾等（2009）统计发现，岩石的Ⅰ型断裂韧度和抗压强度呈较好的线性相关性，同时，较多学者基于数据统计对岩石Ⅰ型断裂韧性与抗拉强度之间的相互关系也进行了研究，提出了一些数据拟合公式，但很少从理论上分析二者的相关性。另一方面，岩石饱水时，其抗压强度、黏聚力和内摩擦角降低早为较多试验验证，还有其断裂韧度将如何变化等较多问题值得我们进一步的研究探讨。基于此，本节特对干燥和饱水状态下砂岩的Ⅰ型断裂韧度 K_{IC} 及其与强度参数之间的相关性进行试验和理论研究。

6.1.1　试验方案设计

岩石断裂韧度测试比一般的力学参数测试更为复杂和困难，岩石断裂韧度的测试方法很多，本节采用《水利水电工程岩石试验规程》（SL264—2001）中推荐的直切口圆柱形试件，进行三点弯曲断裂试验。试件直径 $D=50\mathrm{mm}$，长度 $L=210\sim240\mathrm{mm}$，切口先用超薄金刚石锯片加工，深度为 $22\sim23\mathrm{mm}$，宽度为 $1.0\mathrm{mm}$，然后再用单面刀片手工刻画切槽的根部使其尖锐。试样制备时按照规范要求严格控制精度，同时在试样切口之前，测试纵波波速，严格选样，共选取干燥试样 10 个，饱水试样 12 个。

设计这种试验方案，并且采用较大尺寸的试件，一方面以减小尺寸效应的影响，另外一个主要目的是增加试验的紧凑性，尽量控制试验结果的离散性，断裂韧度试样长度为 $210\sim240\mathrm{mm}$，试验后，对断裂的两段试样再进行加工处理，制备成尺寸为 $\phi50\mathrm{mm}\times100\mathrm{mm}$ 和 $\phi50\mathrm{mm}\times30\mathrm{mm}$ 的试样，进行三轴抗压强度试验（围压：0MPa、5MPa、10MPa、15MPa、20MPa）和圆盘劈裂抗拉试验，典型试样如图 6.1 所示。

三点弯曲试验选用图 6.2 所示的 WAW-1000D 型微机控制电液伺服万能试验机，伺服液压荷载框架由 4 根立柱构成，刚度为 1100kN/mm，目的是采用较大刚度的试验机，减小试验机压头的变形，进而减小对试样上裂纹扩展的不利影响。加载示意图如图 6.3 所示，用夹式引伸计测量裂纹张开位移（CMOD），引伸计的精度为 0.001mm，试验时采用切口张开位移速率控制，取 0.01mm/min（规

范规定小于 6×10^{-4} mm/s，即 0.036mm/min），采用 CMOD 控制的优点是它只与试样切口处的张开变形有关，从而排除了试验机以及加载滚轴和试样接触部位变形的影响，如果采用荷载点位移(LPD)控制，这些影响就难以排除。

（a）断裂前

（b）断裂后

图 6.1　典型砂岩试样图

图 6.2　WAW-1000D 型微机控制电液伺服万能试验机

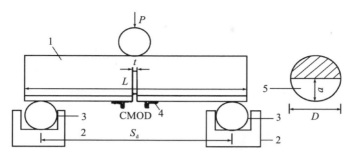

图 6.3　三点弯曲试件加载示意图

1. 试件；2. 支座；3. 滚轴；4. 引伸计刀口；5. 试件切口；

D. 试件直径；L. 试件长度；S_d. 两支承点间距离；a. 切口深度

6.1.2　砂岩 I 型断裂韧度 K_{IC} 试验结果及分析

断裂韧度及其他参数试验结果如表 6.1 所示，其中断裂韧度 K_{IC} 采用《水利水电工程岩石试验规程》（SL264—2001）中的公式进行计算。

$$K_{IC} = 0.25 \left(\frac{S_d}{D} \right) \frac{P_{max}}{D^{1.5}} y \left(\frac{a}{D} \right) \tag{6.1}$$

$$y \left(\frac{a}{D} \right) = \frac{12.75 \left(\frac{a}{D} \right)^{0.5} \left[1 + 19.65 \left(\frac{a}{D} \right)^{4.5} \right]^{0.5}}{\left(1 - \frac{a}{D} \right)^{0.25}} \tag{6.2}$$

式中，K_{IC} 为断裂韧度（MPa·m$^{1/2}$）；D 为试件直径（m）；S_d 为两支承点间的距离（m）；P_{max} 为断裂破坏荷载（N）；a 为直切口深度（m）。

表 6.1　断裂韧度 K_{IC} 测试值

状态	长度 /cm	纵波波速 /(m/s)	峰值荷载 /kN	切口深度 /cm	峰值荷载对应切口张开位移/mm	K_{IC} /(MPa·m$^{1/2}$)
	21.6	3044	0.413	2.20	0.076	0.366
	22.1	3036	0.398	2.20	0.057	0.352
干燥	22.2	2942	0.413	2.25	0.069	0.378
	22.1	3017	0.398	2.25	0.062	0.364
	23.4	2895	0.428	2.20	0.051	0.379
	22.6	2968	0.381	2.30	0.060	0.361
	23.1	2891	0.377	2.20	0.056	0.334
干燥	22.8	3103	0.435	2.25	0.063	0.398
	23.4	3024	0.383	2.30	0.068	0.362
	22.8	2978	0.412	2.30	0.053	0.390

状态	长度 /cm	纵波波速 /(m/s)	峰值荷载 /kN	切口深度 /cm	峰值荷载对应切口 张开位移/mm	K_{IC} /(MPa·m$^{1/2}$)
	22.2	3344	0.363	2.20	0.069	0.321
	23.0	3312	0.302	2.30	0.088	0.310
	21.8	3373	0.343	2.30	0.093	0.325
	21.0	3353	0.318	2.20	0.096	0.282
	24.0	3310	0.285	2.20	0.076	0.273
饱和	23.0	3317	0.324	2.20	0.081	0.287
	21.5	3268	0.328	2.20	0.072	0.290
	21.3	3334	0.323	2.20	0.089	0.286
	23.3	3382	0.378	2.20	0.098	0.335
	22.2	3374	0.291	2.30	0.076	0.275
	23.5	3271	0.328	2.30	0.088	0.310
	21.7	3324	0.301	2.30	0.101	0.285

从表 6.1 可以看出:

(1)选取的砂岩试样中,干燥试样的纵波波速为 2891~3103m/s,饱水试样的纵波波速为 3268~3382m/s,饱水后纵波波速增大了 10%左右,两种状态下各试样的波速总体分布相对集中,说明选取的试样均匀性是较好的。

(2)断裂试验中,干燥试样的峰值荷载对应切口张开位移为 0.051~0.076mm,均值为 0.062mm;饱水试样的峰值荷载对应切口张开位移为 0.069~0.101mm,均值为 0.086mm,饱水后,峰值荷载对应切口张开位移明显增大,岩石塑性增强。

(3)干燥砂岩试样的 I 型断裂韧度 K_{IC} 为 0.334~0.398MPa·m$^{1/2}$,均值为 0.368MPa·m$^{1/2}$,标准差为 0.019,变异系数为 0.050;饱水砂岩试样的断裂韧度 K_{IC} 为 0.273~0.335MPa·m$^{1/2}$,均值为 0.298MPa·m$^{1/2}$,标准差为 0.021,变异系数为 0.070,说明试验结果的离散性较小,其均值可以比较准确地表示其断裂韧度;二者比值为 0.809,软化效应明显。

(4)如图 6.1(b)所示,从试件断口形态看,断裂试件的断口断面均比较平直,裂纹均沿着切槽平面扩展,说明切口产生了较好的引导作用。

6.1.3 砂岩抗压、抗拉强度试验结果及分析

对加工好的砂岩试样进行了三轴抗压强度试验(围压:0MPa、5MPa、10MPa、15MPa、20MPa),每个围压进行 4 次重复试验,干燥和饱水状态各选

择了 8 个试样进行巴西圆盘劈裂抗拉强度试验。三轴抗压强度试验和劈裂试验均在 RMT-150C 岩石力学试验系统上进行，劈裂试验采用专用的劈裂试验盒，如图 6.4 所示，选用直径为 1mm 的钢丝作垫条。试验结果如表 6.2 和表 6.3 所示。

图 6.4　巴西圆盘劈裂试验盒

表 6.2　干燥和饱水试样抗压强度试验结果

围压/MPa	干燥试样		饱和试样		软化系数
	抗压强度/MPa	均值/MPa	抗压强度/MPa	均值/MPa	
0	57.34		45.89		
	60.38		49.67		
	55.38	56.31	46.12	46.17	0.820
	52.13		42.99		
5	102.34		89.28		
	110.46		81.32		
	95.62	101.72	85.68	83.74	0.823
	98.47		78.69		
10	143.29		125.19		
	135.87		115.61		
	151.48	145.08	123.87	120.98	0.834
	149.68		119.27		

续表

围压/MPa	干燥试样		饱和试样		软化系数
	抗压强度/MPa	均值/MPa	抗压强度/MPa	均值/MPa	
15	—		155.73		—
	—	—	145.65	152.40	
	—		155.81		
	—		152.40		
20	212.67		182.30		0.861
	219.54	209.15	169.21	180.14	
	198.42		173.88		
	205.98		195.16		

表 6.3　干燥和饱水试样抗拉强度试验结果

试样状态	试样抗拉强度/MPa								均值 /MPa	软化系数
	1	2	3	4	5	6	7	8		
干燥	3.08	3.33	3.27	2.98	2.82	3.54	3.43	2.88	3.17	0.824
饱和	2.98	2.22	2.96	3.02	2.41	2.03	2.27	2.98	2.61	

从表 6.2 可以看出，不同围压情况下，砂岩抗压强度相对比较集中，而且围压越大，抗压强度离散性相对越小。饱水后岩石软化明显，单轴抗压强度的软化系数为 0.820，随着围压的增大，饱和抗压强度与干燥抗压强度的比值（这里统称为软化系数）略有增大趋势。结合表 6.2 和表 6.3 可以看出，抗拉强度和抗压强度具有相近的软化系数。

6.1.4　砂岩 Ⅰ 型断裂韧度 K_{IC} 与强度参数相关性分析

以往的研究表明，岩石类材料的各个强度与各个韧性之间存在着一定的联系。较多学者基于数据统计方法对岩石 Ⅰ 型断裂韧性与抗拉强度、抗压强度之间的关系进行了研究，结果表明，Ⅰ 型断裂韧度和抗压强度、抗拉强度呈现较好的线性相关性，并提出了一些数据拟合公式，但很少从理论上去分析二者的相关性。下面主要从岩石的 Ⅰ 型断裂韧度与抗拉强度之间的关系进行讨论分析。

对于拉剪状态，如图 6.5 所示，根据裂纹端部范围纯拉、纯剪的应力叠加，有

$$\begin{cases} \sigma_x = D - A + B \\ \sigma_y = D + A - 2C - B \\ \tau_{xy} = A + E - F \end{cases} \tag{6.3}$$

式中

$$A = \frac{K_{\mathrm{I}}}{\sqrt{2\pi r}} \sin \frac{\theta}{2} \cos \frac{\theta}{2} \sin \frac{3\theta}{2}$$

$$B = \frac{K_{\mathrm{II}}}{\sqrt{2\pi r}} \sin \frac{\theta}{2} \cos \frac{\theta}{2} \cos \frac{3\theta}{2}$$

$$C = \frac{K_{\mathrm{II}}}{\sqrt{2\pi r}} \sin \frac{\theta}{2}$$

$$D = \frac{K_{\mathrm{I}}}{\sqrt{2\pi r}} \cos \frac{\theta}{2}$$

$$E = \frac{K_{\mathrm{II}}}{\sqrt{2\pi r}} \cos \frac{\theta}{2}$$

$$F = \frac{K_{\mathrm{II}}}{\sqrt{2\pi r}} \sin \frac{\theta}{2} \cos \frac{\theta}{2} \sin \frac{3\theta}{2}$$

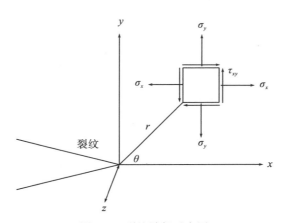

图 6.5　裂纹端部示意图

岩石与金属材料有很大的区别，除非在高温、高压情况下，其裂纹端部均未发现塑性变形现象，通常用发生微裂隙来解释裂纹端部出现的非弹性应力区。以往的研究表明，岩石类材料的破坏，根本原因之一在于微裂纹的扩展，而引起微裂纹扩展的根本因素，在于微裂纹受到了拉应力，而不是压应力或者剪应力。因此，在建立微裂纹模型时采用了最大正应力判据，其表达式为

$$\sigma_1 = \sigma_t \tag{6.4}$$

式中，σ_t 为岩石的抗拉强度。当处于纯拉应力状态下时，$K_{\mathrm{II}} = 0$，结合式(6.3)、式(6.4)可得

$$r = \frac{1}{2\pi} \left(\frac{K_{\mathrm{IC}}}{\sigma_t} \right)^2 \left[\cos \frac{\theta}{2} \left(1 + \sin \frac{\theta}{2} \right) \right]^2 \tag{6.5}$$

对于纯 I 型裂纹，扩展角 $\theta = 0°$，则有

$$r = \frac{1}{2\pi}\left(\frac{K_{\mathrm{IC}}}{\sigma_t}\right)^2 \qquad (6.6)$$

从式(6.6)可以看出，K_{IC}和σ_t是岩石的材料参数，π是一个常数，因此，从理论上讲，对于某种岩石的纯Ⅰ型断裂破坏，其裂纹扩展半径 r 值应该是一个常数。为此，下面对以往学者研究的大量试验数据（于骁中，1988；Whittaker et al.，1992；Zhang et al.，1998；Li et al.，1999；Zhang，2002）进行了统计分析，具体如表6.4所示。

表6.4　岩石断裂韧度 K_{IC} 与抗拉强度统计表

岩石类型	K_{IC}(实验值) /(MPa·m$^{1/2}$)	σ_t/MPa	r/mm	K_{IC}(计算值) /(MPa·m$^{1/2}$)
白云岩	1.66	13.3	2.5	1.76
	1.66	16.4	1.6	2.17
	1.80	12.1	3.5	1.60
	1.78	13.0	3.0	1.72
	2.47	17.0	3.4	2.25
石灰岩	0.99	5.4	5.4	0.77
	1.36	11.9	2.1	1.71
	2.06	15.0	3.0	2.16
	0.85	8.5	1.6	1.22
	1.38	8.5	4.2	1.22
油页岩	0.37	3.3	2.0	0.37
正长岩	1.55	13.2	2.2	1.72
	1.61	13.2	2.4	1.72
	1.76	13.2	2.8	1.72
	1.89	13.2	3.3	1.72
	1.93	13.2	3.4	1.72
	1.75	13.2	2.8	1.72
	1.51	11.1	2.9	1.45
	1.21	11.1	1.9	1.45
	1.36	11.1	2.4	1.45
花岗岩	2.15	15.4	3.1	2.04
	2.19	16.8	2.7	2.23
	2.17	16.3	2.8	2.16
	2.08	16.2	2.6	2.15

岩石类型	K_{IC}(实验值) /(MPa·m$^{1/2}$)	σ_t/MPa	r/mm	K_{IC}(计算值) /(MPa·m$^{1/2}$)
大理岩	0.85	6.2	3.0	0.87
	0.63	4.6	3.0	0.64
	2.68	17.3	3.8	2.41
	2.26	15.4	3.4	2.15
	2.02	13.9	3.4	1.94
	1.7	12.1	3.1	1.69
	1.44	10.0	3.3	1.40
	1.28	9.9	2.7	1.38
	0.98	9.3	1.8	1.30
	1.13	7.3	3.8	1.02
砂岩	0.67	5.1	2.8	0.61
	0.28	2.7	1.8	0.32
	0.38	3.3	2.1	0.40
	0.56	4.0	3.1	0.48
	1.47	10.1	3.4	1.21
	1.4	17.0	1.1	2.04
	0.37	3.3	2.0	0.40
	0.45	3.7	2.4	0.44
本章试验砂岩	0.368	3.2	2.1	0.38
	0.298	2.6	2.1	0.31

从表 6.4 可以看出，根据式(6.6)计算的裂纹扩展半径 r 值分布为 0.2～5.4mm，但其中约 80% 的 r 值分布在 1.5～3.5mm 之间，均值为 2.4mm，而且每种岩石的裂纹扩展半径 r 值分布相对集中。各类岩石的裂纹扩展半径 r 值略有差别，白云岩、石灰岩、油页岩、正长岩、花岗岩、大理岩、砂岩的 r 均值分别为 2.8mm、3.3mm、2.0mm、2.7mm、2.8mm、3.1mm、2.3mm，其中石灰岩、大理岩的 r 均值相对较大，白云岩、正长岩、花岗岩次之，砂岩、油页岩的 r 均值相对较小。

这些数据分析结果也印证了上面关于某种岩石的纯Ⅰ型断裂破坏，其裂纹扩展半径 r 值为一个常数的观点。以往的研究也表明，岩石断裂韧度和抗拉强度各种测试方法的结果存在一定的离散性，这也导致了裂纹扩展半径 r 的计算值可能会在一个较小的范围内变化。

据此，可以根据各类岩石的抗拉强度和试验统计得到的 r 均值，计算出对应的 I 型断裂韧度 K_{IC}，对式(6.6)变形可得

$$K_{IC} = \sigma_t \sqrt{2\pi r} \tag{6.7}$$

根据式(6.7)，K_{IC} 计算值详见表 6.4，各类岩石的 K_{IC} 实测值和计算值吻合较好，其中，本章试验中干燥和饱和砂岩试样的断裂韧度 K_{IC} 实测值分别为 0.368MPa·m$^{1/2}$、0.298MPa·m$^{1/2}$，计算值分别为 0.38MPa·m$^{1/2}$、0.31MPa·m$^{1/2}$，两种岩样的断裂韧度计算后误差分别为 3.26%、4.03%。说明上述理论分析是合理的。

以往的研究也表明，岩石 I 型断裂韧度与抗拉强度具有较好的线性关系，并用数据统计方法给出了一些统计公式，如表 6.5 所示。

表 6.5 岩石断裂韧度 K_{IC} 与抗拉强度经验公式统计表

资料来源	公式
Whittaker et al.，1992	$\sigma_t = 9.35K_{IC} - 2.53$
Zhang et al.，1998	$\sigma_t = 6.88K_{IC}$
本章砂岩试样	$\sigma_t = \dfrac{K_{IC}}{\sqrt{2\pi r}} = 8.32K_{IC}$

从表 6.5 可以看出，从理论分析得出的岩石断裂韧度 K_{IC} 与抗拉强度关系公式和以往采用统计方法得出的拟合公式具有同样的形式，而且系数相近，说明两种分析方法得到的结论和规律是一致的，这也给以往数据统计公式建立了理论基础。

而且，有的学者也从破坏机制和破坏形态等方面对岩石的断裂和抗拉破坏进行了分析，认为岩石的强度与韧性之间，之所以存在着一定的联系，是因为它们本质是一致的，引起破坏的力学机制是相同的(满轲等，2010)，因此，可以通过测试试件的抗拉强度，来推测该试件的断裂韧性，这将大大简化断裂韧性的测试。

同时，结合以往的统计分析，这里对砂岩 I 型断裂韧度 K_{IC} 与抗压强度、c、φ 值也进行了统计分析，如表 6.6 所示。

表 6.6 砂岩断裂韧度断裂韧度 K_{IC} 与抗压强度、c、φ 值

试样状态	K_{IC}/(MPa·m$^{1/2}$)	单轴抗压强度/MPa	φ/(°)	c/MPa	抗拉强度/MPa
干燥	0.368	56.31	50.12	11.19	3.17
饱和	0.298	46.17	47.87	9.51	2.61

从表 6.6 可以看出，饱水和干燥砂岩试样的断裂韧度 K_{IC} 的比值 0.809 与砂岩单轴抗压强度的软化系数 0.820 相近，具有类似的软化效应；砂岩断裂韧度 K_{IC} 约为单轴抗压强度的 1/150，约为内摩擦角的 1/145，约为黏聚力的 1/30，约为抗拉强度的 1/9。

6.2　水－岩作用下砂岩断裂力学特性
劣化规律试验研究

6.2.1　试样制备与选择

在三峡库区选择典型库岸边坡，在低水位期采集了消落带砂岩为研究对象，经鉴定，采集岩样为绢云母中粒石英砂岩，微风化，孔隙式钙质胶结。根据《水利水电工程岩石试验规程》(SL264—2001)介绍的断裂韧度试验，采用直切口圆柱梁三点弯曲法测定岩石的断裂韧度。试样制备、尺寸和切口制作方法与 6.1.1 节完全相同，此处不再赘述。典型岩样照片如图 6.6 所示。

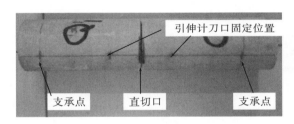

图 6.6　典型三点弯曲试样

6.2.2　试验方案设计

为了模拟库岸边坡消落带的水－岩作用过程，根据以往试验的经验，设计了浸泡—风干循环水－岩作用试验方案，流程如图 6.7 所示。考虑时间效应影响，每期浸泡时间为 30d(模拟库水浸泡)。前 10d 压力均匀增加至 0.3MPa(相当于 30m 深的水压力)，模拟库水位的上升；中间 10d 保持压力不变，模拟库水位的相对稳定期；后面 10d 压力均匀降低至 0，模拟库水位的下降。每满 30d，把岩样从浸泡仪器中取出放置在专用容器内自然风干，模拟库水位下降后库岸边坡岩体自然风干情况，时间统一为 5d，5d 后选取 1 组试样，自由饱水后进行断裂韧度、抗压和抗拉强度试验，并把其余试样重新放置在浸泡仪器中继续浸泡，设计循环次数为 6 次。同时，为了对比分析，设计了另外一种长期浸泡水－岩作用试验方案，每隔 30d，取出一组试样进行断裂韧度、抗压、抗拉强度试验。浸泡的水取自取样点附近的长江水域，两种方案中各有试样 7 组(其中 1 组为备用试样)，每组 4 个岩样。

压力浸泡装置采用研究团队研制开发的水－岩作用专用实验仪器 YRK-1 岩石溶解试验仪，如图 1.4 所示，可以在浸泡时模拟水压力的变化过程。浸泡—风干循环试验过程中，为了更真实地模拟库岸边坡岩体实际情况，尽量采取自然的方

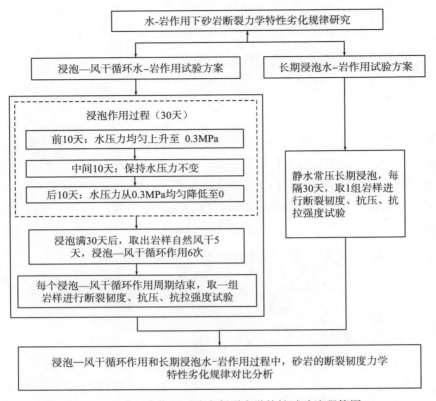

图 6.7　水－岩作用下砂岩断裂力学特性试验流程简图

式，浸泡试样取出后，放置在实验室让其自然风干。选择自然风干是为了避免以往试验中强制烘干对岩石矿物成分和结构的影响。浸泡—风干循环过程中，每次风干循环的环境有些变化，导致单次的循环作用效应可能存在差异，但这是一种更加趋于自然真实状态的方法，试验结果更能反映实际情况。

岩石的含水率对物理、力学性质的影响都比较大，为此，试样所有的物理、力学参数均在饱水状态下测定。考虑消落带岩体的实际赋存环境，饱水时采用自由浸水饱和法，按照《水利水电工程岩石试验规程》（SL264—2001）规定，先将试样竖直放置于饱和缸中，第一次加水至试样高度 1/4 处，以后每隔 2h 加水至试样高度的 1/2 和 3/4 处，6h 后试样全部淹没于水中，48h 后取出，此时试样已经饱和。

加载设备和加载方案如 6.1.1 节介绍。

6.3　水－岩作用下砂岩断裂特性劣化规律

6.3.1　砂岩试样断裂韧度变形特征分析

　　两种水－岩作用试验方案下，砂岩断裂韧度试验的 P－CMOD 关系曲线变化规律类似，如图 6.8 所示，这里以长期浸泡方案的 P－CMOD 关系曲线为例进行详细分析。

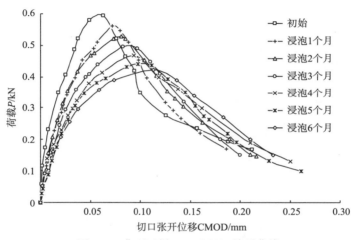

图 6.8　典型试样 P－CMOD 关系曲线

　　从图 6.8 可以看出，各试验阶段砂岩三点弯曲断裂韧度试验的 P－CMOD 关系曲线形态基本一致，可以比较明显地分成 3 个阶段：

　　(1)弹性变形阶段，在竖向荷载施加前期，荷载 P 与切口张开位移 CMOD 关系曲线表现为近似直线逐渐变为微弯，终点的荷载一般为峰值荷载的 2/3 左右。在这个阶段内，预制裂纹尖端处的拉应力小于砂岩的抗拉强度(Ⅰ型裂缝属于张开型)，根据最大正应力判据，裂纹主要承受拉应力(于骁中，1991)，岩石性质接近于弹性，所以称为弹性阶段。随着浸泡时间的增加，直线段逐渐变短。

　　(2)屈服阶段，随着荷载的增加，P－CMOD 关系曲线斜率逐渐减小直至接近水平，逐渐达到峰值荷载。在这个阶段内，预制裂纹尖端的微裂纹已经逐步扩展，切口张开位移发展较快，而且随着浸泡时间的增加，峰值荷载所对应切口张开位移逐渐增大，屈服阶段更加明显。

　　(3)裂纹开展和破坏阶段，P－CMOD 关系曲线由于试样沿切口处宏观裂纹开展而快速下降，裂纹沿着切槽平面迅速扩展直至贯穿，试样取下后用手稍用力即可沿切口掰断。在这个阶段，浸泡时间越短，曲线下降的趋势越明显，脆性特征明显，浸泡时间越长，曲线下降的趋势逐渐平缓，逐渐呈现一定的塑性特征。

6.3.2 水—岩作用下砂岩断裂力学特性劣化规律

断裂韧度 K_{IC} 采用《水利水电工程岩石试验规程》(SL264—2001)中的公式进行计算，各组断裂韧度试验结果如表 6.7 所示。计算公式为

$$K_{IC} = 0.25 \frac{S_d}{D} \frac{P_{max}}{D^{1.5}} y\left(\frac{a}{D}\right) \tag{6.8}$$

其中

$$y\left(\frac{a}{D}\right) = \frac{12.75\left(\frac{a}{D}\right)^{0.5}\left[1 + 19.65\left(\frac{a}{D}\right)^{4.5}\right]^{0.5}}{\left(1 - \frac{a}{D}\right)^{0.25}} \tag{6.9}$$

式中，K_{IC} 为断裂韧度(MPa·m$^{1/2}$)；D 为试件直径(m)；S_d 为两支承点间的距离(m)；P_{max} 为断裂破坏荷载(N)；a 为直切口深度(m)。

表 6.7 水—岩作用下砂岩断裂韧度劣化分析表

时间/月	长期浸泡			浸泡—风干循环		
	K_{IC}/ (MPa·m$^{1/2}$)	降低百分比/%	单次降低百分比/%	K_{IC}/ (MPa·m$^{1/2}$)	降低百分比/%	单次降低百分比/%
0(初始)	0.460	0.00	—	0.460	0.00	—
1	0.452	1.85	1.85	0.439	4.54	4.54
2	0.425	7.61	5.75	0.416	9.55	5.01
3	0.390	15.16	7.55	0.362	21.39	11.83
4	0.385	16.28	1.12	0.329	28.55	7.17
5	0.351	23.79	7.51	0.294	36.11	7.56
6	0.333	27.74	3.95	0.276	40.07	3.97

长期浸泡和浸泡—风干循环两种方案作用下，砂岩试样的断裂韧度、劈裂抗拉强度和单轴抗压强度劣化曲线分别如图 6.9~图 6.11 所示。

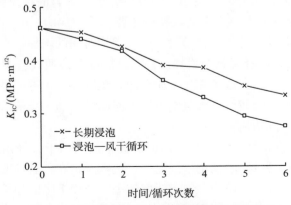

图 6.9 水—岩作用下砂岩断裂韧度劣化曲线

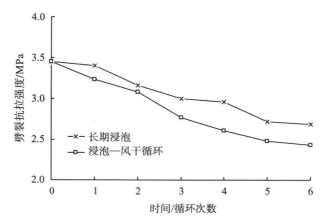

图 6.10　水－岩作用下砂岩抗拉强度劣化曲线

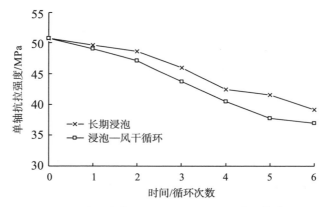

图 6.11　水－岩作用下砂岩单轴抗压强度劣化曲线

结合表 6.7，图 6.9～图 6.11 可以看出，在长期浸泡和浸泡—风干循环两种试验方案作用下，砂岩劈裂的断裂韧度、抗拉强度和单轴抗压强度变化具有以下规律：

(1)在长期浸泡和浸泡—风干循环作用过程中，砂岩试样的断裂韧度、劈裂抗拉强度和单轴抗压强度劣化趋势明显，且总体变化趋势一致，前期砂岩断裂韧度单次劣化幅度较大，浸泡 5 个月(或者 5 次浸泡—风干循环作用之后)，单次劣化幅度有逐渐变缓趋势，这主要与浸泡溶液中水－岩物理、化学反应产生的离子浓度趋于饱和以及相关的水－岩作用速率趋于平衡有关。

(2)两种试验方案下，各力学参数的劣化效应不一样，浸泡—风干循环作用下，断裂韧度劣化幅度明显要大一些，而且这个差别在逐渐累积增大。例如，浸泡 3 个月(或者 3 次浸泡—风干循环作用)之后，长期浸泡和浸泡—风干循环两种方案下，断裂韧度累积劣化分别为 15.16％和 21.39％；浸泡 6 个月(或者 6 次浸泡—风干循环作用)之后，分别为 27.74％和 40.07％。可见，在模拟库岸边坡消落带水－岩作用时，浸泡—风干循环作用的累积损伤效应不可忽视。

(3)傅晏(2010)进行了不考虑时间效应的砂岩干湿循环作用试验，3次循环以后，单轴抗压强度和劈裂抗拉强度分别下降了 9.98%、20.70%，6次循环以后，分别下降了 12.13%、24.80%。本节的浸泡—风干循环作用试验结果为，3次循环以后，单轴抗压强度和劈裂抗拉强度分别下降了 13.77%、19.64%；6次循环以后，分别下降了 27.12%、29.39%。两种试验结果变化趋势一致，但本节的试验结果变化数值明显较大，这说明在模拟库岸边坡消落带水—岩作用时，时间效应也是不应忽视的。

(4)砂岩断裂韧度、劈裂抗拉强度和单轴抗压强度劣化趋势基本一致，但其劣化幅度差别较大，其中，断裂韧度劣化最快，抗拉强度次之，抗压强度劣化相对较慢。例如，3次浸泡—风干循环作用之后，砂岩断裂韧度、劈裂抗拉强度和单轴抗压强度分别累积劣化 21.39%、19.64% 和 13.77%；6次浸泡—风干循环作用之后，分别为 40.07%、29.39% 和 27.12%。

(5)分析表明，砂岩断裂韧度、劈裂抗拉强度和单轴抗压强度劣化规律可以用函数关系式 $y = y_0[1 - a\ln(1 + bt^c)]$（其中，$a$，$b$，$c$ 为拟合系数）较好地拟合，具体如表 6.8 所示。拟合的断裂韧度劣化曲线如图 6.12 所示。

表 6.8   拟合函数关系式

类别	参数	拟合函数关系
长期浸泡	断裂韧度	$K_{IC} = 0.460[1 - 0.139\ln(1 + 0.191t^{1.942})]$
	抗拉强度	$\sigma_t = 3.446[1 - 0.040\ln(1 + 0.507t^{3.415})]$
	抗压强度	$\sigma_c = 50.674[1 - 0.087\ln(1 + 0.120t^{2.595})]$
浸泡—风干循环	断裂韧度	$K_{IC} = 0.460[1 - 0.144\ln(1 + 0.238t^{2.359})]$
	抗拉强度	$\sigma_t = 3.446[1 - 0.100\ln(1 + 0.699t^{1.883})]$
	抗压强度	$\sigma_c = 50.674[1 - 0.107\ln(1 + 0.239t^{2.233})]$

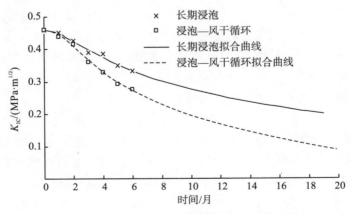

图 6.12   水—岩作用下砂岩断裂韧度劣化拟合曲线

从图 6.12 可以看出，砂岩试样的断裂韧度随着浸泡时间(浸泡—风干循环作用次数)的增加而逐渐降低。在试验前期，下降速率较快，随着浸泡时间(浸泡—风干循环作用次数)的增加，断裂韧度的降低速率趋于缓慢。

6.3.3　断裂韧度与抗拉强度相关性讨论

两种水－岩作用试验方案下，砂岩断裂韧度和抗拉强度劣化趋势对比分析如图 6.13 所示。

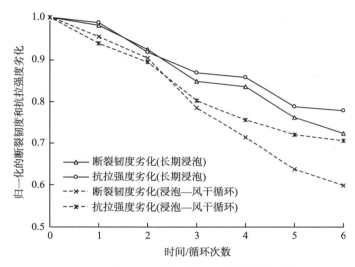

图 6.13　水－岩作用下砂岩断裂韧度和抗拉强度劣化对比图

从图 6.13 可以看出，两种试验方案下，砂岩试样的断裂韧度和劈裂抗拉强度前期的劣化趋势基本一致，但是浸泡 3 个月(或者 3 次浸泡—风干循环作用)之后，二者之间差别逐渐明显，断裂韧度的劣化趋势明显偏大，而且浸泡—风干循环作用下尤为明显。

上节分析中推导建立了 K_{IC} 和 σ_t 的理论关系，在对以往试验数据(于骁中，1988；Whittaker et al.，1992；Zhang et al.，1998；Zhang，2002)统计分析过程中，同时发现了另外一个规律：强度较高岩石的裂纹扩展半径 r 较大，而强度较低岩石的裂纹扩展半径 r 相对较小，部分典型岩石统计数据如表 6.9 所示。

表 6.9　典型岩石断裂韧度、抗拉强度与裂纹扩展半径统计表

岩石类型	$K_{IC}/(\text{MPa} \cdot \text{m}^{1/2})$	σ_t/MPa	r/m
白云岩	1.66	13.3	0.0025
	1.80	12.1	0.0035
	1.78	13.0	0.0030
	2.47	17.0	0.0034

岩石类型	$K_{IC}/(MPa \cdot m^{1/2})$	σ_t/MPa	r/m
	2.68	17.3	0.0038
	2.26	15.4	0.0034
大理岩	2.02	13.9	0.0034
	1.70	12.1	0.0031
	1.44	10.0	0.0033
油页岩	0.37	3.30	0.0020
	0.67	5.09	0.0028
	0.28	2.65	0.0018
砂岩	0.38	3.34	0.0021
	0.37	3.30	0.0020
	0.45	3.70	0.0024

　　为此，对两种试验方案下，不同试验周期的岩石试样裂纹扩展半径 r 进行了计算统计，具体如表 6.10 所示。

表 6.10　岩石断裂韧度、抗拉强度与裂纹扩展半径统计表

时间/月	长期浸泡			浸泡—风干循环		
	$K_{IC}/(MPa \cdot m^{1/2})$	σ_t/MPa	r/m	$K_{IC}/(MPa \cdot m^{1/2})$	σ_t/MPa	r/m
0（初始）	0.460	3.45	0.0028	0.460	3.45	0.0028
1	0.452	3.40	0.0028	0.439	3.23	0.0029
2	0.425	3.16	0.0029	0.416	3.08	0.0029
3	0.390	3.00	0.0027	0.362	2.77	0.0027
4	0.385	2.96	0.0027	0.329	2.61	0.0025
5	0.351	2.72	0.0027	0.294	2.48	0.0022
6	0.333	2.69	0.0024	0.276	2.43	0.0020

　　从表 6.9 可以看出，在试验过程中，砂岩的裂纹扩展半径 r 总体有逐渐变小趋势，根据表 6.9 的统计规律分析，反过来也说明砂岩试样的强度有逐渐"变软"趋势，这与前面的抗压、抗拉强度劣化规律分析是一致的，根据式（6.7），在砂岩试样抗拉强度和裂纹扩展半径同时降低的情况下，断裂韧度的劣化幅度明显大于抗拉强度的劣化，这较好地解释了图 6.13 中的试验现象；同时，也说明了一个问题：岩石断裂韧度和抗拉强度线性相关性成立的前提条件是两个力学参数必须在相同状态下测定，否则不具有可比性，这也是本章设计紧凑的试验方案的关键因素之一。

6.4　小　结

（1）对饱水和干燥砂岩试样进行了三点弯曲断裂韧度和抗压强度、抗拉强度试验，得到了砂岩 I 型断裂韧度 K_{IC} 与抗压强度，抗拉强度，c、φ 值等力学参数，研究表明，饱水情况下，砂岩的 I 型断裂韧度与抗压强度、抗拉强度具有类似的软化效应。

（2）从理论上分析了岩石 I 型断裂韧度 K_{IC} 与抗拉强度之间的关系，并结合大量试验数据进行了验证，分析成果为以往的岩石 I 型断裂韧度 K_{IC} 与抗拉强度之间的数据统计拟合公式提供了理论基础。

（3）由于断裂韧度试验比较复杂，而抗拉强度测试方法相对简单，因此，可以根据各类岩石的抗拉强度和试验统计得到的 r 值，方便地估算出对应的 I 型断裂韧度 K_{IC}。至于断裂韧度与抗压强度、黏聚力、内摩擦角等力学参数之间除了满足统计上的规律，是否存在理论上的关系也值得进一步的深入研究。

（4）综合砂岩试样断裂韧度劣化规律、峰值荷载对应切口张开位移和典型试样 $P-CMOD$ 关系曲线等变形破坏特征可以看出，在浸泡过程中，砂岩有逐渐"变软"趋势，脆性逐渐减弱，塑性逐渐增强。

（5）长期浸泡和浸泡—风干循环作用导致了砂岩力学性质不可逆的渐进损伤，且考虑浸泡—风干循环作用下，砂岩的断裂韧度、抗拉强度和抗压强度劣化趋势更加明显。通过与以往类似试验对比分析发现，在模拟库岸边坡消落带水—岩作用时，浸泡—风干循环作用的过程和时间效应都是不可忽略的因素。

（6）长期浸泡和浸泡—风干循环水—岩作用下，砂岩的断裂韧度、抗拉强度和抗压强度劣化趋势基本一致，总的来说，砂岩的劣化程度在试验初期较为明显，后期逐渐趋于平缓，可以用函数关系式 $y=y_0[1-a\ln(1+bt^c)]$ 较好地拟合。但是劣化的幅度差别较大，其中，断裂韧度劣化最快，抗拉强度次之，抗压强度劣化相对较慢。

（7）长期浸泡和浸泡—风干循环作用下，砂岩试样有明显"变软"的趋势，根据断裂韧度和抗拉强度的相关性分析，抗拉强度和裂纹扩展半径的同时降低导致了断裂韧度的劣化幅度明显大于抗拉强度的劣化幅度。

第7章 水－岩作用砂岩动力特性
劣化规律研究

统计资料表明，水库蓄水后诱发地震的概率大大增加，典型的如我国的新丰江地震(6.1级，1962年3月19日)。三峡库区自2003年开始蓄水，库区地震活动明显加剧，微震频繁，2003年三峡蓄水至2014年年底，三峡库区共发生过4次4.0级以上地震，即2008年4.1级，2013年5.1级，2014年上半年的4.2级和4.5级，最大地震为2013年12月16日湖北省恩施土家族苗族自治州巴东县5.1级地震，震源深度5km。这些频发的微震虽然没有直接导致库岸边坡的变形破坏，但其对边坡岩体的累积损伤是客观存在的。同时，在水库沿岸工程建设中，山体爆破开挖、加固、库水位的大幅度升降变化等对边坡也是一种循环荷载动力作用。

前面的研究表明，在库水的长期作用下，岩石的静力相关力学特性劣化趋势明显，那么，在库水的长期浸泡和升、降循环作用下，库岸边坡岩体的抗震能力以及在地震作用下的变形破坏情况同样也值得关注。基于此，本章以库岸边坡消落带岩体为研究对象，对不同浸泡—风干循环水－岩作用周期的岩样进行单轴循环加、卸载试验，分析水－岩作用过程中砂岩的动应力－应变滞回曲线、动弹性模量、阻尼比和阻尼系数等动力参数的变化规律。

7.1 试验方案设计

7.1.1 试样制作

试验用岩石为绢云母中粒石英砂岩，微风化，取自三峡库区典型岸坡。依据《水利水电工程岩石试验规程》(SL264—2001)和RMT-150C岩石力学试验系统试样要求制备标准试样，尺寸为 $\phi50\text{mm}\times100\text{mm}$，并根据岩样纵波波速和回弹值严格选样，共选取8组岩样，每组4个，其中1组岩样用来进行单轴抗压强度试验，测定岩样的初始饱水单轴抗压强度，为循环加、卸载试验的应力水平提供参考；1组岩样用来进行初始饱水单轴循环加、卸载试验；另外6组岩样用来进行不同水－岩作用周期的循环加、卸载试验。

7.1.2　试验方案

1. 浸泡—风干循环水−岩作用试验方案

为了比较真实地模拟库岸边坡消落带的水−岩作用过程，根据以往试验的经验，设计了浸泡—风干循环水−岩作用试验方案，流程如图 7.1 所示，每期浸泡时间为 30d。前 10d 压力均匀增加至 0.3MPa（相当于 30m 深的水压力），模拟库水位的上升；中间 10d 保持压力不变，模拟库水位的相对稳定期；后面 10d 压力均匀降低至 0，模拟库水位的下降。每满 30d，把岩样从浸泡仪器中取出放置在专用容器内自然风干，模拟库水位下降后库岸边坡岩体自然风干情况，时间统一为 5d，然后把风干岩样重新放置回浸泡仪器中继续浸泡，设计循环次数为 6 次。

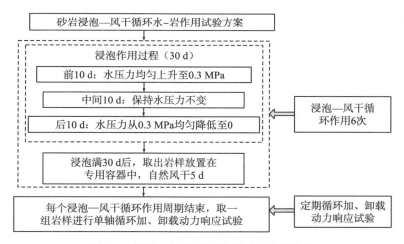

图 7.1　浸泡—风干循环作用试验流程简图

为了尽量减少含水率对试验结果的影响，在每次浸泡结束时，立即取出 1 组岩样进行单轴循环加、卸载动力响应试验。压力浸泡装置采用研究团队研制开发的水−岩作用专用实验仪器 YRK-1 岩石溶解试验仪，如图 1.4 所示，可以在浸泡时模拟水压力的变化过程。

2. 循环加、卸载试验方案

岩样的初始饱水单轴抗压强度为 50MPa 左右，考虑浸泡—风干循环水−岩作用的损伤效应，同时为了便于试验结果的对比分析，每期岩样采用相同的循环加、卸载方案，应力水平下限值取 10MPa，上限值取 25MPa，采用常幅循环荷载方式，设计循环次数为 30 次，加卸载过程中采用力控制，加载波形为正弦波，加载频率为 0.1Hz。

7.2 循环荷载作用下的动力响应分析原理

在循环荷载作用下，岩样的动应力与动应变曲线在时间上并非完全对应，如图 7.2 所示，当岩样应力达到最大值时，岩样的应变还没有达到最大值，两者有一定的时间差。由于这种时间差的存在以及岩样在荷载作用下产生的不可逆塑性变形，岩样在循环荷载作用下的动应力－动应变曲线并不重合。

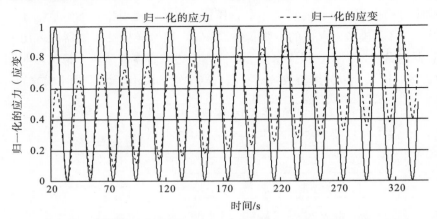

图 7.2 循环加、卸载作用下归一化处理的应力、应变－时间曲线

7.2.1 循环荷载作用下动力响应计算原理

自然界中无阻尼的理想振动是不存在的，由于阻尼的存在，振动将随时间慢慢衰减，最后停止下来。对于阻尼力为 F_d 的单自由度线性系统，在 $t=0$ 时受正弦型强迫力 $F(t)=F_0 \sin(\omega t)$ 作用，则其运动微分方程（刘建锋等，2010）可表示为

$$m\ddot{x} + F_d + kx = F(t) \tag{7.1}$$

因此

$$m\ddot{x} + F_d + kx = F_0 \sin(\omega t) \tag{7.2}$$

式中，m 表示质量（kg），k 代表刚度（kN/mm）。

这里将阻尼简化为线性黏滞阻尼，假设其与运动速度成正比，表示如下：

$$F_d = C\dot{x} \tag{7.3}$$

式中，C 代表阻尼系数（kN·s/mm）。

整合式（7.3）与式（7.2）有

$$m\ddot{x} + C\dot{x} + kx = F_0 \sin(\omega t) \tag{7.4}$$

令 $\omega_0^2 = \dfrac{k}{m}$，$\lambda = \dfrac{C}{2\omega_0 m}$，$f(t) = \dfrac{F(t)}{m}$，$\omega_0$ 为固有频率（rad/s），λ 为阻尼比，

$f(t)$ 为单位质量迫振力，则式(7.4)可简化为

$$\ddot{x} + 2\omega_0\lambda\dot{x} + \omega_0^2 x = f(t)\mathrm{e}^{\mathrm{i}\omega t} \tag{7.5}$$

式(7.5)的特解为

$$P^* = \frac{F_0 \times \mathrm{e}^{\mathrm{i}\omega t}}{((\mathrm{i}\omega)^2 + 2\mathrm{i}\omega\lambda\omega_0 + \omega_0^2) \times m} \tag{7.6}$$

式中，P^* 为复常数。

式(7.5)对应齐次微分方程的特征方程可表示为

$$r^2 + 2r\lambda\omega_0 + \omega_0^2 = 0 \tag{7.7}$$

其中

$$\begin{cases} r_1 = -\lambda\omega_0 + \omega_0\sqrt{\lambda^2 - 1} \\ r_2 = -\lambda\omega_0 - \omega_0\sqrt{\lambda^2 - 1} \end{cases} \tag{7.8}$$

由于 $\lambda \neq 0$，因此式(7.6)可变换为

$$P^* = \frac{F_0 \times \mathrm{e}^{\mathrm{i}\omega t} \times \omega_0^2}{(\omega_0^2 - \omega^2 + 2 \times \mathrm{i} \times \lambda \times \omega \times \omega_0) \times k} \tag{7.9}$$

对式(7.9)取虚数部分，可得式(7.2)的特解为

$$x^* = X\sin(\omega t - \alpha) \tag{7.10}$$

式中，X 代表振幅，α 为常数。

式(7.2)的通解为

$$x(t) = A_1\mathrm{e}^{r_1 t} + A_2\mathrm{e}^{r_2 t} \tag{7.11}$$

式中，A_1，A_2 为常数。

结合式(7.10)、式(7.11)，可得式(7.2)的通解为

$$\bar{x} = A_1\mathrm{e}^{r_1 t} + A_2\mathrm{e}^{r_2 t} + X\sin(\omega t - \alpha) \tag{7.12}$$

对于有阻尼存在的受迫振动系统，当 $t \to \infty$ 时，式(7.11)中的 $x(t) \to 0$，式(7.10)可替换式(7.12)，式(7.10)表示当 $t \to \infty$ 时系统所作的稳态振动，即持续的等幅振动。

由于阻尼的存在，任何振动的系统都将产生能量损失，假设系统克服阻尼力消耗的能量即为系统振动过程中的能量损伤，则式(7.3)可表示为

$$F_d = \widetilde{C}\dot{x} \tag{7.13}$$

式中，$\widetilde{C}$ 为等效黏滞阻尼系数(kN·s/mm)。

在一个振动周期内的能量损失为

$$E_d = \int_0^T F_d \mathrm{d}x = \int_0^T \widetilde{C}\dot{x}\mathrm{d}x \tag{7.14}$$

正弦干扰力下的受迫振动，可得其稳态位移及稳态速度分别为

$$x = X\sin(\omega t - \alpha) \tag{7.15}$$

$$\dot{x} = X\omega\cos(\omega t - \alpha) \tag{7.16}$$

故在一个振动周期内等效阻尼耗散的能量可表示为

$$E_d = \int_0^T \widetilde{C}\dot{x}\,dx = \int_0^{\frac{2\pi}{\omega}} \widetilde{C}X^2\omega^2\cos^2(\omega t - \alpha)\,dt = \pi\widetilde{C}X^2\omega \qquad (7.17)$$

当实际阻尼力为 R 时，在一个振动周期内的阻尼耗能为

$$E_R = \int_0^T R\,dx = \int_0^T R\dot{x}\,dt \qquad (7.18)$$

可得系统的等效黏滞阻尼系数为

$$\widetilde{C} = \frac{E_R}{\pi X^2\omega} \qquad (7.19)$$

7.2.2　循环荷载作用下动力响应简化计算公式

在循环荷载作用下，岩样的加、卸载曲线并不完全重合，卸载曲线总是低于加载曲线，并与加载曲线形成一个滞回环，如图 7.3 所示，加载曲线即 ABC 下的面积为试验机对岩石所做的功，卸载曲线即 ADC 下的面积为一次循环加、卸载结束后岩样释放的弹性能，滞回环 $ABCDA$ 的面积是岩样在一次循环荷载中的能量耗散。

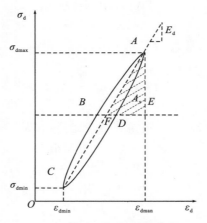

图 7.3　动应力－动应变滞回圈

根据式(7.19)，可用一个振动周期的滞回环 $ABCDA$ 的面积 A_R 表示该振动周期内阻尼力所消耗的能量 E_R 的大小，如图 7.3 所示。因此动弹性模量 E_d(MPa)、阻尼比和阻尼系数 C(kN·s/mm)分别可表示为(刘建锋等，2010)

$$E_d = (\sigma_{dmax} - \sigma_{dmin})/(\varepsilon_{dmax} - \varepsilon_{dmin}) \qquad (7.20)$$

$$\lambda = A_R/4\pi A_s \qquad (7.21)$$

$$C = A_R/\pi X^2\omega \qquad (7.22)$$

式中，σ_{dmax}、σ_{dmin} 分别为动应力－动应变滞回曲线最大和最小动应力；ε_{dmax}、ε_{dmin} 分别为滞回曲线最大和最小动应变；A_R 为滞回圈 $ABCD$ 的面积，反映岩石在一个循环周期中所耗散的能量的大小(kN·mm)；A_s 为三角形 AEF 的面积，$4A_s$

反映了岩石在一个周期内所储备的最大弹性应变能(kN·mm)；X 为响应振幅 (mm)；ω 为循环加卸载圆频率(rad/s)。

7.3　水－岩作用下砂岩动力特性劣化规律分析

为了便于对比分析不同浸泡—风干循环水－岩作用周期时砂岩动力特性的劣化效应，参照以往类似试验数据处理经验，每期岩样的阻尼比、阻尼系数和动弹性模量计算时均取第 16 个应力－应变滞回圈为研究对象，详细结果如表 7.1 所示，浸泡—风干循环作用过程中岩样的阻尼系数、阻尼比和动弹性模量变化趋势图如图 7.4 所示，典型岩样的动应力－应变关系曲线如图 7.5 所示。

表 7.1　单轴循环加、卸载试验结果

周期	A_R /(kN·mm)	C /(kN·s/mm)	C 均值 /(kN·s/mm)	λ /%	λ 均值/%	E_d /MPa	E_d 均值 /MPa
0	0.3577	40.96		5.88		14.24	
	0.3639	37.45	40.29	5.75	5.93	12.34	13.58
	0.3779	42.31		6.20		13.54	
	0.3654	40.43		5.90		14.19	
1	0.3927	44.10		6.34		12.96	
	0.3952	42.41	41.77	6.22	6.20	13.33	12.77
	0.3829	39.29		6.07		12.23	
	0.3928	41.30		6.19		12.56	
2	0.4193	44.66		6.45		12.16	
	0.4082	42.61	43.35	6.42	6.43	12.20	12.29
	0.4080	43.21		6.36		12.24	
	0.4190	42.93		6.49		12.55	
3	0.4584	47.31		7.19		12.50	
	0.4582	46.68	46.66	6.95	7.02	11.66	12.05
	0.4598	46.98		7.13		11.93	
	0.4490	45.68		6.81		12.12	
4	0.4609	46.56		6.97		10.93	
	0.4720	48.50	48.79	7.21	7.25	11.07	11.40
	0.4972	51.31		7.37		11.67	
	0.4820	48.77		7.46		11.92	
5	0.5016	50.39		7.61		11.07	
	0.4974	50.40	50.14	7.11	7.41	11.21	11.14
	0.4997	50.06		7.34		11.43	
	0.4920	49.70		7.57		10.85	

周期	A_R /(kN·mm)	C /(kN·s/mm)	C 均值 /(kN·s/mm)	λ /%	λ 均值/%	E_d /MPa	E_d 均值 /MPa
	0.5048	51.28		7.54		10.91	
6	0.5050	50.09	50.88	7.34	7.54	11.13	11.01
	0.5074	50.40		7.73		11.03	
	0.5121	51.74		7.55		10.96	

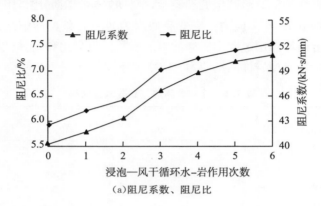

（a）阻尼系数、阻尼比

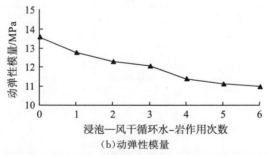

（b）动弹性模量

图 7.4　浸泡—风干循环作用过程中砂岩的阻尼系数、阻尼比和动弹性模量变化趋势图

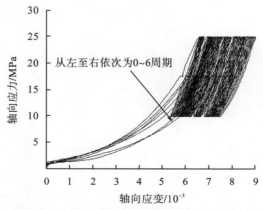

图 7.5　浸泡—风干循环作用过程中典型岩样的动应力—动应变关系曲线

结合表 7.1 和图 7.4、图 7.5 可以看出，在浸泡—风干循环作用过程中，砂岩试样在循环加、卸载作用下的动应力-动应变关系曲线特征、滞回圈面积、阻尼系数、阻尼比以及动弹性模量变化规律明显。

(1)随着浸泡—风干循环作用次数的增加，岩样的阻尼系数、阻尼比逐渐变大，动弹性模量逐渐减小，但 4 次循环作用之后，变化趋势逐渐趋缓，对应单次浸泡—风干循环作用引起的阻尼系数、阻尼比和动弹性模量变化逐渐减小。其中，4 次循环作用之后，阻尼系数、阻尼比分别增大了 21.09%、22.28%，动弹性模量降低了 16.05%；6 次循环作用之后，阻尼系数、阻尼比分别增大了 26.28%、27.14%，动弹性模量降低了 18.91%。总体变化规律与前期浸泡—风干循环作用下砂岩的静力强度和变形参数的劣化趋势基本一致。

(2)对于每一个岩样的循环加、卸载过程，第 1 个应力-应变滞回圈并不闭合，在加载曲线与卸载曲线之间产生了较大的残余变形，而且刚开始循环时滞回曲线分布得比较稀，但随着循环数的增加，滞回圈向轴向应变增大的方向移动，但新增的残余应变越来越小，滞回圈越来越密集，最后几乎在一个滞回圈上重复并达到稳定。

(3)随着浸泡—风干循环作用次数的增加，在轴向加载初期(循环加、卸载之前)，岩样应力-应变关系曲线斜率逐渐降低，压密段逐渐增长，说明水-岩作用导致岩样的孔隙率逐渐增大，密实度逐渐减小。为了更清楚地分析浸泡—风干循环作用对砂岩动力特性的影响，特将每期典型岩样在 30 次循环加、卸载过程中上限应力 25MPa 对应的轴向应变绘制如图 7.6 所示，每期典型岩样的第 16 次循环的动应力-动应变滞回圈如图 7.7 所示。

从图 7.7 可以看出，随着浸泡—风干循环作用次数的增加，在加载过程中达到相同的上限应力水平时岩样的轴向应变逐渐增大，初始饱水岩样第 1 次加载到 25MPa(循环荷载上限应力水平)时，轴向应变为 6.606×10^{-3}，3 次和 6 次浸泡—风干循环作用之后的岩样分别为 7.335×10^{-3} 和 8.337×10^{-3}，分别增大了 11.0% 和 26.8%，岩样有逐步变软的趋势。在 30 次循环加卸载过程中，轴向应

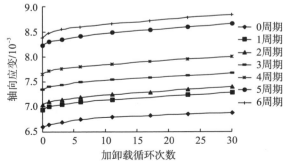

图 7.6　典型岩样在循环加、卸载过程中的轴向应变演化曲线(上限应力状态)

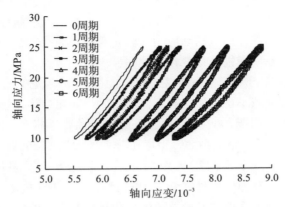

图 7.7　浸泡—风干循环作用过程中典型岩样的第 16 次加卸载循环动应力—动应变滞回圈

变经历了初始阶段和等速阶段（由于没有加载至破坏，没有出现加速阶段）。在初始阶段，曲线上凸，应变发展较快，在等速发展阶段，轴向应变总体呈线性发展，但随着浸泡—风干循环作用次数的增加，轴向应变演化曲线斜率逐渐缓慢增大；第 30 次加载至上限应力 25MPa 时，初始饱水、3 次和 6 次浸泡—风干循环水—岩作用岩样的轴向应变相对于循环加、卸载之前分别增加了 0.210×10^{-3}、0.354×10^{-3} 和 0.460×10^{-3}，不可逆塑性变形增幅明显。

从图 7.7 可以看出，各循环加、卸载应力—应变滞回圈在荷载反转处总体呈尖叶状，随着浸泡—风干循环作用次数的增加，相同次数加、卸载循环作用时对应的滞回圈逐渐趋于饱满，面积越来越大。说明浸泡—风干循环作用导致岩样内部微裂纹、裂隙逐步发育，损伤效应越来越明显，导致循环加、卸载过程中的能量耗散越来越多。

（4）分析表明，岩样的阻尼系数、阻尼比、动弹性模量与浸泡—风干循环次数的关系可用函数 $y = y_0 \pm a \ln(1 + bN^c)$ 较好拟合，具体如表 7.2 所示。其中，C_N、λ_N、E_{dN} 分别表示 N 次浸泡—风干循环作用之后岩样的阻尼系数、阻尼比和动弹性模量。

表 7.2　阻尼系数、阻尼比和动弹性模量拟合函数关系式

类别	拟合公式
阻尼系数	$C_N = 40.29 + 1.52 \ln(1 + 2.08N^{3.55})$
阻尼比	$\lambda_N = 5.93 + 0.55 \ln(1 + 0.42N^{2.18})$
动弹性模量	$E_{dN} = 13.58 + 0.32 \ln(1 + 3.53N^{3.52})$

根据上述函数关系，绘制曲线如图 7.8 所示。从图中可以看出，随着浸泡—风干循环作用次数的增加，砂岩的阻尼系数、阻尼比逐渐增大，动弹性模量逐渐减小，在循环作用的前期，变化的速率相对较快，随着循环次数的增加，变化的速率均趋于缓慢。

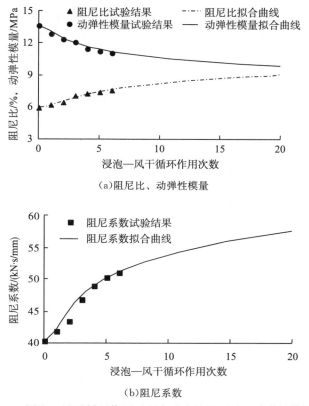

（a）阻尼比、动弹性模量

（b）阻尼系数

图 7.8　浸泡—风干循环作用过程中砂岩的阻尼比、动弹性模量和
阻尼系数变化趋势拟合图

7.4　水-岩作用下砂岩动力特性劣化机制探讨

　　岩石是由固体矿物骨架与骨架之间的孔隙组成的多组分非均匀材料，存在大量裂纹、裂隙、缝洞等细观结构。岩石的动弹性模量是岩石在动态荷载作用下动弹性参数的体现，其数值大小反映了岩石的弹性承载性能的好坏；岩石的阻尼比反映岩石在周期性动荷载作用下，应力-应变关系滞回圈表现出的滞后性，是由岩土体变形时内摩擦作用以及液体的黏性消耗能量造成的，反映动荷载作用下能量因岩石的内部阻力而损失的性质，岩石的阻尼特性也可以通过滞回圈的面积来反映，滞回圈面积越大，其能量消耗越多，内部疲劳损伤的程度也越大。

　　以往的研究表明，浸泡—风干循环水-岩作用对岩样的损伤效应在微观上表现为其微观结构的变化，包括矿物颗粒的润滑、软化和微观孔隙、裂隙、裂纹的扩展、聚集等，在宏观上则表现为孔隙率增加，密度减小，抗压、抗拉和抗剪强度降低，弹性模量减小，脆性减弱和塑性增强等。

浸泡—风干循环水－岩作用的损伤岩样在循环加、卸载时，一方面，岩样内部的微观裂纹闭合、扩展、汇聚和萌生会消耗大量的能量；另一方面，孔隙率的增加使得岩样饱和含水率增加，在加、卸载过程中，应力的改变还会导致流体分子在岩石孔隙间流动，使其重新排列，也会导致能量耗散的增加，在循环加、卸载试验过程中甚至可以看见岩样表面的水珠渗出。浸泡—风干循环作用次数越多，岩样的微观结构损伤效应越严重，在循环加、卸载过程中，达到相同加、卸载循环次数时，岩样内部的微裂纹扩展、汇集程度及新裂纹萌生的数量和规模更大，导致的不可逆塑性变形更大，能量耗散越多，在动应力－动应变曲线上就表现为滞回圈面积增大，也就是在前面试验结果分析中得到的阻尼比和阻尼系数逐渐增大以及动弹性模量逐渐降低。

同时，本书得到的浸泡—风干循环水－岩作用下砂岩动力特性的劣化规律也可以在类似试验中得到佐证，具体如表 7.3 所示，说明本书得到的研究成果是符合常规岩石力学性质的。

表 7.3　与类似试验结果比较表

项目	以往文献研究成果	本章研究成果
岩石密度与动力特性相关性	刘建锋等(2010)基于细砂岩和粉泥质砂岩的循环加、卸载试验研究发现：岩石的密度越小，加、卸载循环中岩石的累积塑性变形就越大，形成的滞回圈的面积也越大，岩石的密度大，则反之	浸泡—风干循环作用导致砂岩的微观结构劣化、孔隙率增加、密度减小，在加、卸载循环中形成的滞回圈的面积逐渐增大
岩石强度与动力特性相关性	朱明礼等(2009)基于不同强度花岗岩的循环加、卸载试验研究发现：岩石的强度越低，弹性模量越小，加、卸载循环中岩石的累积塑性变形就越大，形成的滞回圈的面积也越大	浸泡—风干循环作用导致砂岩的强度逐渐降低，弹性模量逐渐减小，在加、卸载循环中形成的滞回圈的面积逐渐增大

7.5　小　结

(1)在浸泡—风干循环作用过程中，岩样阻尼系数、阻尼比逐渐变大，动弹性模量逐渐减小，但 4 次循环作用之后，变化趋势逐渐变缓，对应单次浸泡—风干循环作用引起的阻尼系数、阻尼比和动弹性模量变化逐渐减小。

(2)随着浸泡—风干循环作用次数的增加，在加载过程中达到相同的应力水平时岩样的轴向应变逐渐增大，在经历 30 次循环加、卸载作用后，岩样的不可逆塑性变形逐渐增大。

(3)各循环加、卸载应力－应变滞回圈在荷载反转处总体呈尖叶状，随着浸泡—风干循环作用次数的增加，相同次数加、卸载循环作用时对应的滞回圈逐渐趋于饱满，面积越来越大。

(4)浸泡—风干循环作用次数越多，岩样的微观结构损伤效应越严重，宏观上表现为岩样阻尼比和阻尼系数逐渐增大、动弹性模量逐渐降低。

（5）水－岩作用的进程决定岩样动力特性的变化，浸泡—风干循环作用对岩石的动力特性的损伤是一种累积性发展的过程，每一次的效应并不一定很显著，但多次重复发生，却可使效应累积性增大。

第8章 水－岩作用砂岩微观结构变化规律及机理研究

水－岩作用导致的损伤效应是一个微观向宏观逐步发展的过程，主要表现为矿物组成与结构变化、孔隙率增加、渗透系数增大等，而微观结构的改变是引起岩石宏观力学性质变化的根本原因，因此，在前面各章水－岩作用下岩石物理、力学性质劣化规律分析的基础上，从微观层面开展浸泡—风干循环作用下岩石损伤机制研究是非常重要的，这也是本章的研究重点。

在本章的研究中，一方面，通过定期对浸泡离子成分和浓度进行检测分析，确定矿物质的反应程度和反应速度，建立离子浓度变化序列表，并根据离子成分和离子浓度的变化，结合化学的方法分析岩石试样孔隙率的变化规律；另一方面，对不同浸泡—风干循环作用次数的岩石试样的孔隙率进行测试；同时，对不同浸泡—风干循环作用次数的岩石试样进行显微结构特征、矿物成分和含量分析；结合这三个方面的测试结果，分析浸泡—风干循环作用下砂岩的孔隙率变化规律，确定岩石组成矿物发生化学反应的类型和程度，研究浸泡—风干循环作用下岩石损伤劣化的微观机理。同时结合岩样的纵波波速和回弹值测试，综合分析评价岩样的微观结构损伤。

8.1 岩石试样特征和试验方法

8.1.1 岩石试样的特征分析

试验所用砂岩取自三峡库区秭归沙镇溪镇某滑坡库水变幅带区域，微风化，无可见节理，完整性较好，薄片鉴定结果为绢云母中粒石英砂岩，孔隙式钙质胶

图 8.1 典型岩样示意图

结，基质具微细鳞片变晶结构的中粒砂状结构，岩石由石英、长石、岩屑、云母等组成，碎屑组分有燧石岩屑，次角～次圆状，粒径 0.3mm，占 10％；石英碎屑，次角～次圆状，均匀分布，粒径 0.3～0.5mm，占 80％；基质组分为绢云母，占 10％。典型砂岩试样如图 8.1 所示，典型的岩石显微结构照片如图 8.2 所示。

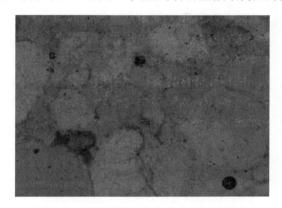

图 8.2　砂岩试样切片典型显微结构照片

8.1.2　试验方法

本章测试分析工作在第 4 章介绍的水－岩作用试验过程中进行，浸泡—风干过程中，每期试样浸泡 30 天，前 10 天为压力上升期，中间 10 天为压力稳定期，后 10 天为压力下降期，每满 30 天后，取部分浸泡溶液送检，测量每个试样的纵波波速和回弹值，然后把试样取出后自然风干，时间统一为 5 天，然后把风干试样重新放置在浸泡仪器中继续试验。分析砂岩试样在浸泡—风干循环水－岩作用过程中，浸泡溶液的离子成分、离子浓度变化规律，同时对岩石试样进行显微结构特征、孔隙结构特征分析，从微观角度分析水－岩作用对岩体的损伤机理。

8.2　浸泡溶液离子浓度变化规律分析

试验所用砂岩主要由石英、长石与岩屑钙质胶结组成。从它们物理、化学性质的稳定性来看，石英最为稳定，一般不易发生反应；钙质胶结物很容易发生溶解，但含量较少；长石矿物易发生溶解、溶蚀等水物理化学作用，稳定性相对较好，含量较大，是影响岩石次生孔隙率变化的主要因素。在浸泡—风干循环水－岩作用过程中，浸泡溶液的溶液成分、离子浓度均随时间发生变化，检测发现 Ca^{2+}、Na^+、K^+ 等离子和次生矿物 SiO_2 的浓度变化比较明显，具体如表 8.1 所示。

表8.1　0.8MPa、0.4MPa和静水常压下浸泡溶液离子浓度检测结果

(a)0.8MPa压力浸泡溶液离子浓度检测结果　　　　　　　　　(单位：mg/L)

浸泡—风干循环次数	离子浓度/(mg/L)				离子和次生矿物浓度变化率			
	Ca^{2+}	Na^+	K^+	SiO_2	Ca^{2+}	Na^+	K^+	SiO_2
初始	38.16	9.81	2.03	3.24	0	0	0	0
1	41.67	12.70	2.47	2.77	9.20%	29.46%	21.67%	−14.51%
2	36.30	14.27	2.88	2.89	−4.87%	45.50%	42.09%	−10.92%
3	37.62	15.72	3.22	2.73	−1.41%	60.27%	58.46%	−15.89%
4	38.08	17.60	3.51	2.42	−0.22%	79.46%	73.05%	−25.35%
5	39.08	19.30	3.79	2.34	2.42%	96.74%	86.58%	−27.88%
6	39.37	19.56	3.78	2.32	3.17%	99.39%	86.39%	−28.27%

(b)0.4MPa压力浸泡溶液离子浓度检测结果　　　　　　　　　(单位：mg/L)

浸泡—风干循环次数	离子浓度/(mg/L)				离子和次生矿物浓度变化率			
	Ca^{2+}	Na^+	K^+	SiO_2	Ca^{2+}	Na^+	K^+	SiO_2
初始	38.16	9.81	2.03	3.24	0	0	0	0
1	40.52	12.37	2.49	3.00	6.18%	26.10%	22.66%	−7.41%
2	35.35	13.77	2.80	2.87	−7.35%	40.36%	37.88%	−11.30%
3	36.00	15.51	3.05	2.80	−5.66%	58.11%	50.28%	−13.55%
4	37.61	17.46	3.26	2.54	−1.45%	77.97%	60.74%	−21.57%
5	38.30	18.50	3.48	2.39	0.37%	88.58%	71.43%	−26.33%
6	39.00	18.70	3.42	2.37	2.20%	90.62%	68.67%	−27.01%

(c)静水常压浸泡溶液离子浓度检测结果　　　　　　　　　(单位：mg/L)

浸泡—风干循环次数	离子浓度/(mg/L)				离子和次生矿物浓度变化率			
	Ca^{2+}	Na^+	K^+	SiO_2	Ca^{2+}	Na^+	K^+	SiO_2
初始	38.16	9.81	2.03	3.24	0	0	0	0
1	39.74	12.43	2.54	3.11	4.14%	26.71%	25.12%	−4.01%
2	35.38	13.64	2.85	2.94	−7.28%	39.05%	40.48%	−9.32%
3	35.87	14.86	3.00	2.94	−6.00%	51.49%	47.61%	−9.20%
4	37.29	16.45	3.03	2.66	−2.29%	67.68%	49.50%	−17.80%
5	37.96	17.33	3.12	2.45	−0.53%	76.66%	53.76%	−24.28%
6	38.54	17.50	3.12	2.47	0.99%	78.39%	53.71%	−23.79%

　　为了更清楚地看到各种离子浓度的变化规律，根据表8.1，绘制 Ca^{2+}、Na^+、K^+离子和次生矿物 SiO_2 浓度在不同压力浸泡情况下的变化趋势图，如图8.3所示。

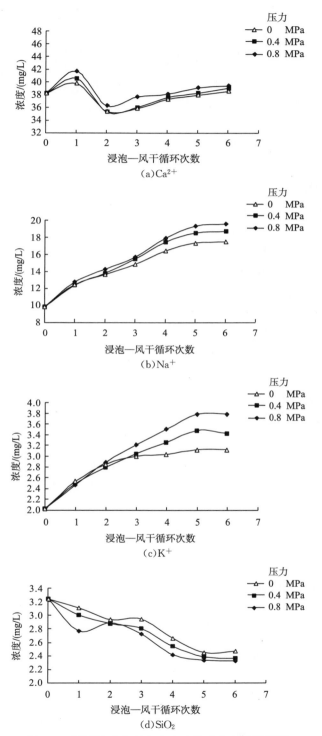

图 8.3　浸泡溶液离子和次生矿物浓度变化趋势图

结合表 8.1 和图 8.3 可看出浸泡溶液的离子浓度变化具有以下特点：

(1)在浸泡—风干循环 1 次时，溶液中 Ca^{2+} 浓度增加到一个较大值；在 2 次浸泡—风干循环作用之后，Ca^{2+} 浓度出现了一个明显的下降趋势；在浸泡—风干循环 3~6 次时，Ca^{2+} 浓度缓慢上升，并逐渐趋于稳定。分析其原因主要是：Ca^{2+} 增加主要包含两个部分，一个是钙长石的化学反应，这个过程比较缓慢，另一个是钙质胶结物的溶解，这个过程相对要快一些，第一次浸泡—风干循环作用时，Ca^{2+} 浓度增加主要与钙质胶结物的溶解有关，而且从图中可以发现，钙质胶结物的溶解主要集中在前一次浸泡—风干循环作用，后几次浸泡—风干循环作用时，Ca^{2+} 浓度增加主要与钙长石反应有关；以往的研究发现，Ca^{2+}、Mg^{2+} 浓度的增加会降低溶液中 SiO_2 的溶解度，促使 SiO_2 产生胶体沉淀，而且沉淀时还会不断吸附 Ca^{2+}、Mg^{2+}，导致 Ca^{2+} 浓度出现下降趋势，同时这也印证了图中三种浸泡情况 SiO_2 浓度逐渐下降的变化规律；后期由于钙长石的反应释放出 Ca^{2+}，浓度又逐渐回升，但变化趋势非常缓慢。

(2)在浸泡—风干循环水—岩作用过程中，溶液中 Na^+ 和 K^+ 浓度增加较快，变化趋势基本一致。3 次浸泡—风干循环作用之后，Na^+ 浓度增加了 51.49%~60.27%，K^+ 浓度增加了 47.61%~58.46%，5 次浸泡—风干循环作用之后，离子浓度变化才逐渐趋于稳定。3 次浸泡—风干循环作用之后，各种浸泡溶液中 Na^+ 和 K^+ 浓度差别逐渐明显，而且浸泡时水压力变化越大，离子浓度变化越大。

(3)砂岩试样在浸泡—风干循环水—岩作用过程中，三种浸泡溶液中 SiO_2 浓度均逐渐减小，在 5 次浸泡—风干循环作用之后，离子浓度变化基本趋于稳定，6 次浸泡—风干循环作用之后，SiO_2 浓度总体减小了 23.79%~28.27%。

各种浸泡溶液中出现的 Ca^{2+}、Na^+、K^+ 等离子浓度增高的现象，与长石在与水反应过程中有 Ca^{2+}、Na^+、K^+ 等离子的析出相关，相关化学反应式如下。

钾长石：

$$2K(AlSi_3O_8) + 2CO_2 + 3H_2O \Longrightarrow 2K^+ + 2HCO_3^- + 4SiO_2 + Al_2(Si_2O_5)(OH)_4 \downarrow$$

$$(8.1)$$

钠长石：

$$2Na(AlSi_3O_8) + 2CO_2 + 3H_2O \Longrightarrow 2Na^+ + 2HCO_3^- + 4SiO_2 + Al_2(Si_2O_5)(OH)_4 \downarrow$$

$$(8.2)$$

钙长石：

$$Ca(Al_2Si_2O_8) + 2CO_2 + 5H_2O \Longrightarrow Ca^{2+} + 2HCO_3^- + Al_2(Si_2O_5)(OH)_4 \downarrow$$

$$(8.3)$$

Ca^{2+}、Na^+、K^+ 等离子组成可溶性矿物的主要成分，在浸泡溶液中往往以离子状态存在，因此，在试验过程中离子浓度变化相对明显；而 SiO_2 等是组成难溶性矿物的主要成分，因此，浸泡溶液中 SiO_2 浓度随时间变化幅度不大（从

3.24mg/L 降低到 2.32~2.47mg/L)。

（4）从离子竞争角度来看，可以发现浸泡溶液中 Na^+ 浓度从 9.81mg/L 增加到 17.50~19.56mg/L，明显比 Ca^{2+}、K^+ 等其他离子变化大，这表明钠长石的溶解度要高于钙长石和钾长石。

（5）在 5 次浸泡—风干循环作用之后，各种水－岩化学反应减弱，离子交换和吸附作用减弱，吸附、溶解、交换和沉淀逐渐达到平衡点，溶液中离子浓度趋于稳定。离子浓度变化呈现出良好的规律，Na^+、K^+、SiO_2 浓度与浸泡时间关系可以用二次多项式较好地拟合，如图 8.4 所示。

（6）水分子进入岩石的孔隙、裂隙中，发生物理、化学反应或离子交换。如果压强增大，根据勒夏特列原理，反应应向使反应体系的压强降低的方向移动，即向正反应方向移动，但是对于在溶液中进行的反应，因为压力对液体的体积影响较小，改变总压力对平衡影响较小。前两次浸泡—风干循环作用后，测得的三种不同压力浸泡溶液的离子浓度变化差别较小，可见单纯的静水压力对水－岩化学反应的影响较小，其差别在于物理和力学损伤作用及其促进水－岩化学作用的发生。

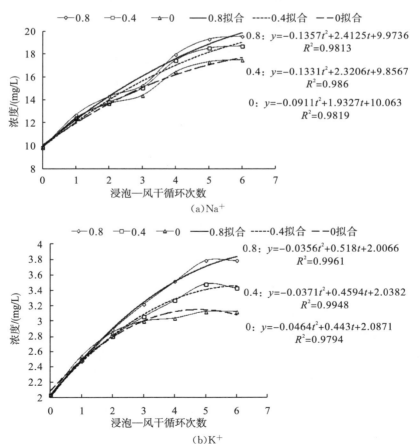

（a）Na^+

（b）K^+

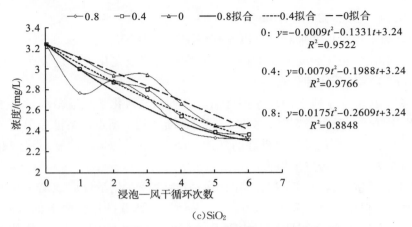

（c）SiO₂

图 8.4　浸泡溶液离子和次生矿物浓度变化趋势拟合图
注：图中，0.8、0.4、0 分别表示浸泡水压力大小，单位为 MPa

　　岩石试样浸泡时，水分子在岩石试样中的内渗或外渗，在水压力的作用（特别是水压力上升、下降的作用）下，在裂隙端点处产生的应力集中容易诱发裂隙扩张、扩展，更有利于渗透通道的形成，进而为水化学反应提供了更多的反应表面，使溶液与岩石矿物的反应机率增大、速度加快，由此加大了其微观结构变化的程度。3 次浸泡—风干循环作用之后，不同压力浸泡溶液的离子浓度变化差别逐渐明显，离子浓度的变化幅度要比常压浸泡时大，而且浸泡时水压力越大，对离子浓度的影响越大；6 次浸泡—风干循环作用后，三种浸泡溶液中 Ca²⁺、SiO₂浓度在不同的压力浸泡情况下差别为 2% 左右，Na⁺、K⁺浓度差别达到 10% 左右。一方面说明浸泡—风干循环水－岩作用时，水压力的升、降变化对岩体的损伤要比静水常压时大；另一方面说明浸泡—风干循环水－岩作用对岩体的损伤具有累积效应。

8.3　水－岩作用下砂岩次生孔隙率变化规律分析

8.3.1　基于离子浓度变化的次生孔隙率分析

　　水－岩物理作用对岩体除了产生润滑、软化及泥化等作用外，在变化水压力作用下，矿物质颗粒的冲刷、扩散和运输作用会导致岩体次生孔隙率的增加；另一方面，根据式（8.1）～式（8.3）可知，各类长石矿物在其溶解、溶蚀过程中，会发生非全等溶解，一部分以离子形式进入浸泡溶液中，引起浸泡溶液离子浓度的变化，另一部分通过化学反应形成新的次生矿物，而次生矿物的密度、分子量是不同的，使其在岩体中所占据的空间体积变化，进而促进次生孔隙的产生（李汶国等，2005）。因此，无论水－岩物理作用还是化学作用，都会促使岩体次生孔隙率的增加，由于在本试验中，溶液流动性小，在孔隙率的计算分析中，主要考虑化学作用引起的次生孔隙率增加。

在 3 次浸泡—风干循环作用之后，不同压力浸泡溶液的离子浓度差别逐渐明显，特别是 Na^+、K^+ 浓度差别较大，达到 10% 左右，由此可以反映岩体内部的次生孔隙率差别也应该较大，次生孔隙率的增加会削弱岩体的强度。

由式(8.1)可知，单位摩尔钾长石水化学反应后生成 1mol 的 K^+、2mol 的 SiO_2 和 0.5mol 的高岭石，根据各种矿物的分子量、密度，可以计算出反应前后的体积变化量，也即次生孔隙体积，同理，根据式(8.2)和式(8.3)，可以计算出单位摩尔的钠长石和钙长石水化学反应后的次生孔隙体积，如表 8.2 所示。

表 8.2　单位摩尔钾长石、钠长石和钙长石水化学反应后的次生孔隙体积

	类别	$K(AlSi_3O_8)$	$Na(AlSi_3O_8)$	$Ca(Al_2Si_2O_8)$
次生矿物	分子量	278	258	278
	密度/(g/cm³)	2.57	2.61	2.76
	体积/cm³	108.17	100.38	100.72
$Al_2(Si_2O_5)(OH)_4$	分子量	258	258	258
	密度/(g/cm³)	2.58~2.67	2.58~2.67	2.58~2.67
	体积/cm³	48.31~50	48.31~50	96.63~100
SiO_2	分子量	60	60	—
	密度/(g/cm³)	2.65	2.65	—
	体积/cm³	45.28	45.28	—
次生孔隙体积/cm³		12.89	5.10	0.72

根据前面离子浓度变化规律分析，次生孔隙率计算中近似认为前一次浸泡—风干循环作用过程中，Ca^{2+} 浓度增加主要由钙质胶结物溶解产生，而后面几次浸泡—风干循环作用过程中，Ca^{2+} 浓度增加主要由钙长石反应产生。

根据式(8.1)~式(8.3)可知，单位摩尔钾长石、钠长石和钙长石水化学反应后产生单位摩尔的 K^+、Na^+、Ca^{2+}，根据每次浸泡—风干循环作用后测得的浸泡溶液的离子浓度变化量，可以计算出每段时间内水化学反应产生的 K^+、Na^+、Ca^{2+} 数量，进而可以计算出参与水化学反应的岩石矿物的数量，结合表 8.2 的计算结果和参与反应的岩石试样的体积，可以计算出砂岩试样浸泡—风干循环水－岩作用过程中次生孔隙率的变化，如表 8.3 所示。计算中，对次生矿物采用了最大体积的保守值。

表 8.2　砂岩在浸泡—风干循环水－岩作用过程中的计算次生孔隙率

浸泡—风干循环次数	次生孔隙率/%		
	静水(0.8MPa)	静水(0.4MPa)	静水常压
0	0.00	0.00	0.00

浸泡—风干循环次数	次生孔隙率/%		
	静水(0.8MPa)	静水(0.4MPa)	静水常压
1	0.86	0.73	0.64
2	1.19	1.00	0.90
3	1.54	1.43	1.21
4	2.50	2.26	1.88
5	3.48	3.15	2.67
6	3.64	3.24	2.81

　　根据表 8.3，绘制砂岩试样在浸泡—风干循环水—岩作用过程中的次生孔隙率变化趋势图，如图 8.5 所示。

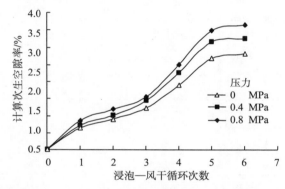

图 8.5　砂岩试样在浸泡—风干循环水—岩作用过程中的计算次生孔隙率变化趋势图

　　从表 8.3 和图 8.5 可以看出：

　　(1)砂岩的次生孔隙率的变化具有时间依赖性，随着浸泡—风干循环作用次数的增加，次生孔隙率逐渐增大，1 次浸泡—风干循环作用之后的次生孔隙率为 6 次浸泡—风干循环作用之后次生孔隙率的 22%～24%；3 次浸泡—风干循环作用后次生孔隙率为 6 次浸泡—风干循环作用时次生孔隙率的 42%～44%；5 次浸泡—风干循环作用后之后，次生孔隙率的变化逐渐趋于稳定。

　　(2)浸泡—风干循环水—岩作用对岩体的损伤作用不容忽视，次生孔隙率在前 3 次浸泡—风干循环作用后的变化规律与常规的浸泡试验结果基本一致；而在 3 次浸泡—风干循环作用之后，砂岩次生孔隙率继续较快增长，这个变化主要是由浸泡—风干循环水—岩作用对岩体的损伤累积效应引起的；在 5 次浸泡—风干循环作用之后，化学反应势会逐渐变小并达到平衡，溶液中各种离子浓度趋于饱和，同时，长石表面覆盖着化学反应产生的高岭石，减小了化学反应表面积，导致化学反应速率变慢，水—岩化学作用逐渐减弱，因此，岩样次生孔隙率的变化逐渐趋于缓慢。

（3）浸泡时水压力变化越大，对次生孔隙率的影响越大，而且浸泡时间越长，浸泡—风干循环水-岩作用次数越多，三种浸泡情况的差别越明显。

8.3.2　砂岩实测次生孔隙率变化规律

称取部分试样（每种浸泡情况取了 5 块试样）干燥重量、不同浸泡周期的饱和重量和水中浮重，可以计算出不同浸泡情况、不同浸泡周期孔隙率的变化，再将其与原生孔隙率相减，可以得到次生孔隙率随时间的变化规律，如表 8.4 所示。

表 8.4　砂岩试样在浸泡—风干循环水-岩作用过程中的实测次生孔隙率

浸泡—风干循环次数	次生孔隙率/%		
	静水(0.8MPa)	静水(0.4MPa)	静水常压
0	0	0	0
1	1.02	0.8	0.79
2	1.32	1.15	1.04
3	1.71	1.48	1.29
4	2.52	2.34	1.98
5	3.53	2.89	2.52
6	3.83	3.08	2.91

根据表 8.4，绘制砂岩试样在浸泡—风干循环水-岩作用过程中的实测次生孔隙率变化趋势图，如图 8.6 所示。

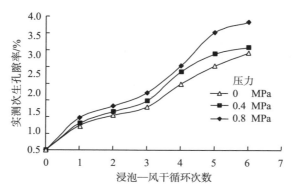

图 8.6　砂岩试样在浸泡—风干循环水-岩作用过程中的实测次生孔隙率变化趋势图

对比分析表 8.3、表 8.4 和图 8.5、图 8.6 可以看出，根据离子浓度变化计算的次生孔隙率变化规律和实测次生孔隙率变化规律基本一致，差别 1%～13%，计算的次生孔隙率总体偏小，分析其原因主要有以下几点。

（1）计算中假设水化学反应次生矿物 SiO_2 和 $Al_2(Si_2O_5)(OH)_4$ 均附着在反应表面，没有考虑其随着渗透水流进入溶液的情况，也没有考虑渗透水流对矿物颗粒搬运造成的次生孔隙率变化，引起计算结果可能偏小；

　　(2)根据离子浓度变化计算次生孔隙率时是按次生矿物最大体积来进行保守计算的，计算结果是偏小的；

　　(3)计算中没有考虑 Ca^{2+} 的吸附和沉淀，这对砂岩试样次生孔隙率的影响可能是正反两个方面的。

　　总体来说，计算值和实测值吻合较好，在现场监测分析中，可以通过长期监测离子浓度的变化来推测岩体中水化学反应发生的程度，以及次生孔隙率的发育情况。

8.4　砂岩试样的纵波波速、回弹值变化规律

　　按照设计试验方案，每隔 30 天把试样取出，测量每个试样的纵波波速和回弹值，分别以各个试样初始纵波波速和回弹值为标准，进行归一化处理，即用各岩样的初始纵波波速(回弹值)除以该岩样各浸泡—风干循环作用周期的纵波波速(回弹值)，绘制不同浸泡—风干循环作用周期的砂岩试样归一化的纵波波速、回弹值变化规律曲线，如图 8.7 和图 8.8 所示。

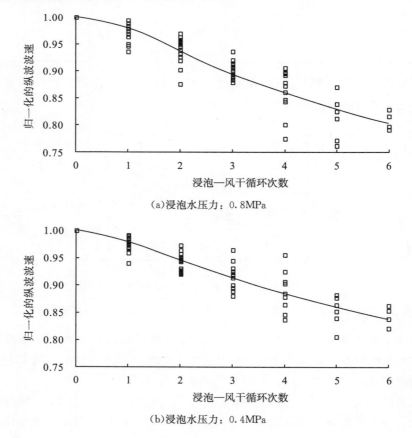

(a)浸泡水压力：0.8MPa

(b)浸泡水压力：0.4MPa

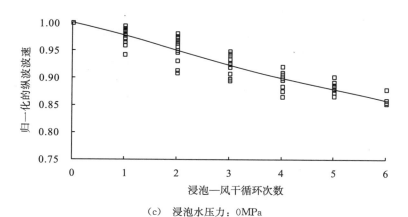

（c）　浸泡水压力：0MPa

图 8.7　水—岩作用过程中砂岩归一化的纵波波速变化规律曲线

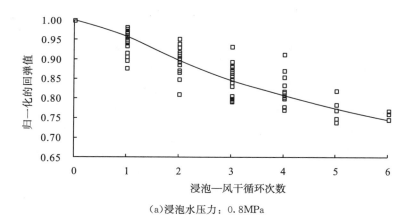

（a）浸泡水压力：0.8MPa

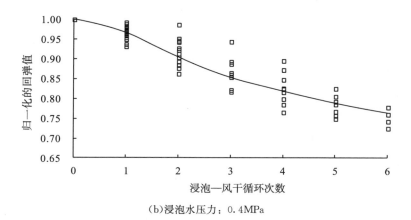

（b）浸泡水压力：0.4MPa

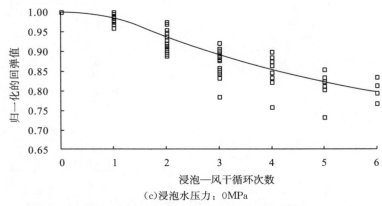

（c）浸泡水压力：0MPa

图8.8　水－岩作用过程中砂岩归一化的回弹值变化规律曲线

从图8.7和图8.8看出，在浸泡—风干循环水－岩作用过程中，砂岩试样的纵波波速、回弹值变化具有以下特点：

（1）三种浸泡情况下，砂岩试样的纵波波速、回弹值均逐渐下降，其中回弹值的下降速率快于纵波波速的下降速率，总体趋势基本一致。1次浸泡—风干循环作用之后，纵波波速下降1%～5%，回弹值下降1%～9%；3次浸泡—风干循环作用之后，纵波波速下降5%～12%，回弹值下降9%～21%；6次浸泡—风干循环作用之后，纵波波速下降14%～21%，回弹值下降18%～33%。

（2）浸泡时水压力变化越大，纵波波速、回弹值下降的幅度越大，在6次浸泡—风干循环作用之后，0.8MPa、0.4MPa和静水常压浸泡试样纵波波速均值分别下降了19%、16%和14%左右，回弹值均值分别下降了27%、25%和20%左右。

（3）在浸泡—风干循环水－岩作用过程中，1次浸泡—风干循环作用时，岩石试样纵波波速、回弹值下降比较慢；2～4次浸泡—风干循环作用时，岩石试样纵波波速、回弹值下降速率相对较快；5～6次浸泡—风干循环作用时，下降速率相对变缓。归一化的砂岩试样的纵波波速、回弹值变化与浸泡时间（浸泡—风干循环水－岩作用次数）的关系可以用函数 $y = 1 - a\ln(1 + bt^c)$ 较好地拟合，拟合函数关系式如下。

0.8MPa浸泡：

$$纵波波速：\frac{v_t}{v_0} = 1 - 0.0654\ln(1 + 0.3486t^{2.2243}) \tag{8.4}$$

$$回弹值：\frac{R_t}{R_0} = 1 - 0.0857\ln(1 + 0.6433t^{1.8733}) \tag{8.5}$$

0.4MPa浸泡：

$$纵波波速：\frac{v_t}{v_0} = 1 - 0.0831\ln(1 + 0.2801t^{1.7135}) \tag{8.6}$$

$$\text{回弹值：} \frac{R_t}{R_0} = 1 - 0.0481 \ln(1 + 0.9858 t^{2.7277}) \tag{8.7}$$

静水常压浸泡：

$$\text{纵波波速：} \frac{v_t}{v_0} = 1 - 0.0951 \ln(1 + 0.2565 t^{1.4351}) \tag{8.8}$$

$$\text{回弹值：} \frac{R_t}{R_0} = 1 - 0.04971 \ln(1 + 0.3621 t^{2.8396}) \tag{8.9}$$

根据上述拟合函数，绘制曲线如图 8.9 所示。

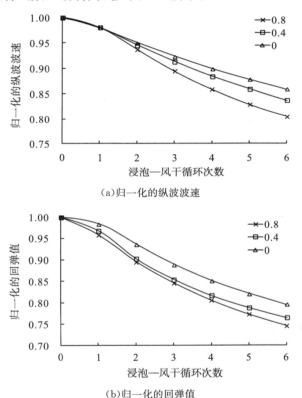

（a）归一化的纵波波速

（b）归一化的回弹值

图 8.9　水—岩作用过程中砂岩归一化的纵波波速、回弹值变化趋势拟合图

注：图中，0.8、0.4、0 分别表示浸泡时水压力大小，单位为 MPa

从图 8.9 可以看出，1 次浸泡—风干循环作用时，不同压力浸泡情况下砂岩试样的纵波波速、回弹值变化差别相对较小，在后几次浸泡—风干循环过程中，各种浸泡压力情况的差别逐渐明显，而且浸泡时水压力变化越大，纵波波速、回弹值下降的幅度越大。

分析其原因主要是砂岩试样在浸泡—风干循环水—岩作用过程中，水压力的变化（骤升、骤减）有利于水分子在岩石试样中的内渗、外渗和渗透通道的形成，一方面可以促进岩石内部矿物颗粒的迁移；另一方面为水化学反应提供了更多的反应表面，从而促进裂隙、裂纹的扩展和聚集，在力学性质上表现为纵波波速、回弹值的下降。

8.5 水－岩循环作用下砂岩试样微观结构变化及劣化机理分析

岩石内部往往存在着大量弥散分布的细观缺陷，如微裂纹、裂隙分布区，尤其是裂纹、裂隙尖端的塑性区，是水－岩物理、化学作用和渗透作用的活跃带。岩石试样浸泡时，一方面，水分子沿着岩体中的微裂纹、微裂隙和颗粒之间接触面等结构面向岩体内部渗透，润滑、软化作用降低了岩体的内摩擦系数和黏聚力；另一方面，逐渐发生水－岩物理、化学反应或离子交换，产生新的次生矿物，进而改变岩样内部的结构。但在浸泡溶液环境变化不大的情况下，各种水－岩作用会逐渐趋于平衡。前面的试验结果也表明，在试验的前期，岩样的抗压强度、黏聚力、内摩擦角的劣化速率较快，而在5~6次浸泡—风干循环作用后，由于浸泡溶液中各种离子浓度趋于饱和，各种水－岩作用趋于缓慢，各力学参数的劣化逐渐趋于缓慢。

在水压力的作用(特别是水压力上升、下降的作用)下，在裂纹端点处产生的应力集中容易诱发裂纹扩张、扩展，更有利于水分子在岩石试样中的内渗、外渗和渗透通道的形成，进而为水化学反应提供了更多的反应表面，使溶液与岩石矿物的反应机率增大、速度加快，由此加大了其微观结构变化的程度，从而促进裂纹、裂隙的扩展和聚集，在力学性质上表现为抗压强度、黏聚力、内摩擦角下降。前面的试验中，浸泡—风干循环两次之后，不同压力浸泡试样的强度变化差别逐渐明显，而且浸泡时水压力变化幅度越大，岩石试样强度劣化越快。对比分析也发现，考虑浸泡—风干的循环作用时的岩样的损伤程度要比以往单一水－岩浸泡损伤大得多。这些都充分说明了水压力的升、降变化在库岸边坡变幅带水－岩作用试验中不可忽视。

浸泡—风干的循环过程，是对岩样损伤的一次次累积，一次浸泡和水压力的上升，水分子入渗，促使水－岩物理、化学作用的产生，加剧了内部裂纹、裂隙的发展及聚集效应；一次水压力的下降和风干，水分子外渗，水－岩物理、化学作用产生的矿物颗粒和化学物质沿着腐蚀的裂纹、孔隙、颗粒间接触面外渗，产生新的次生孔隙，为下一次的水－岩物理、化学作用提供更多新的反应表面。这个循环过程就逐渐导致岩样内部的细微观裂纹、裂隙的集中化及扩展，以及向宏观裂纹、裂隙的转变，在宏观裂纹、裂隙形成以后，水－岩物理、化学作用愈加强烈，其细观的损伤不断演化，推动宏观缺陷的发展，而宏观裂纹在扩展过程中所引起的细观损伤区域，又将是水－岩作用强烈的区域。

这一点我们可以从砂岩试样不同浸泡—风干循环阶段的薄片显微结构照片中得到较好的印证，砂岩试样在浸泡—风干循环作用下，其微观结构也逐渐发生变化，选取不同试验阶段的部分岩石试样磨取薄片，典型显微结构照片如图 8.10所示。

（a）初始

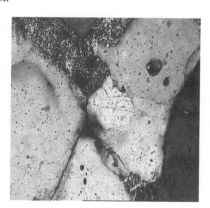

（b）浸泡—风干循环 1 次

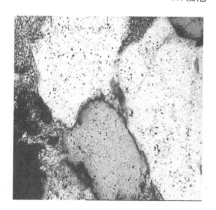
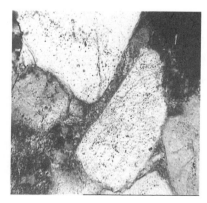

（c）浸泡—风干循环 3 次

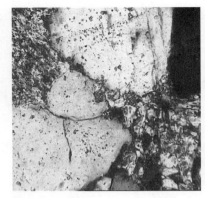

(d)浸泡—风干循环 6 次

图 8.10　砂岩试样部分典型薄片显微结构照片(浸泡水压力：0.4MPa，放大倍数为 400 倍)

　　从砂岩显微结构图 8.10 可以看出，初始状态下砂岩长石颗粒表面存在一些蚀变点，颗粒界限边缘相对清晰，胶结物相对致密；随着浸泡—风干循环作用次数增加，长石颗粒表面蚀变点明显增多、蚀坑增大，并出现一些微裂纹，颗粒界限边缘变得模糊，宽度有明显变大的趋势，不规则状变得趋向圆滑，颗粒之间的钙质胶结趋向松散，颗粒边缘的蚀变作用逐渐强烈。这些现象说明浸泡—风干循环作用对砂岩的物理、化学、力学细观损伤作用较强，而且具有累积效应，逐渐导致岩石内部的细微观裂隙的集中化及扩展，以及向宏观裂纹、裂隙的转变，内部的次生孔隙率增加，而这些变化正是导致砂岩试样断裂韧度及其他力学参数劣化的根本原因，在宏观上就表现为岩石的抗压强度逐渐衰减、应力－应变曲线变缓、压密段变长、弹性模量降低等。而且，试验研究和对比分析也发现，考虑这种浸泡—风干循环作用时的岩体的损伤程度要比以往单一水－岩浸泡损伤大得多。

8.6　小　结

　　水－岩作用损伤在微细观上表现为其微观结构的变化，包括孔隙、裂隙、裂纹的聚集、扩展等，在宏观上则表现为岩石力学性质的劣化。而这个损伤演化过程与水－岩物理、化学作用和力学作用密切相关，从本章的试验结果来看，除了水－岩物理、化学作用之外，水压力的升、降变化和浸泡—风干循环水－岩作用对损伤演化规律也起着非常重要的作用。

　　(1)在浸泡—风干循环水－岩作用过程中，各种浸泡溶液中出现的 Ca^{2+}、Na^+、K^+ 等离子浓度增高的现象，与长石在和水反应过程中有 Ca^{2+}、Na^+、K^+ 等离子的析出相关，而且 Na^+ 浓度增长明显比 Ca^{2+}、K^+ 等其他离子明显，这表明钠长石的溶解度要高于钙长石和钾长石。

（2）在 5 次浸泡—风干循环作用后，各种水－岩化学反应减弱，离子交换和吸附作用减弱，吸附、溶解、交换和沉淀逐渐达到平衡点，溶液中离子浓度趋于稳定。

（3）前 3 次浸泡—风干循环作用时，测得的三种不同情况浸泡溶液的离子浓度变化基本一致，而且与以往常规浸泡试验结果基本一致，但 3 次浸泡—风干循环作用之后，不同情况浸泡溶液的离子浓度变化差别逐渐明显，离子浓度的变化幅度要比静水常压情况浸泡时要大，而且浸泡时水压力变化越大，对离子浓度的影响越大；6 次浸泡—风干循环作用后，三种浸泡溶液中 Ca^{2+}、SiO_2 浓度在不同的压力浸泡情况下差别为 2%左右，Na^+、K^+ 浓度差别达到 10%左右。一方面说明在浸泡—风干循环水－岩作用过程中，水压力的升降变化对岩体的损伤要比静水常压时大；另一方面说明浸泡—风干循环水－岩作用对岩体的损伤具有累积效应。

（4）提出了根据离子浓度变化计算岩石中次生孔隙率变化规律的方法，计算结果与实测次生孔隙率变化规律基本一致。可以把这种方法应用到现场监测中去，通过长期监测离子浓度的变化来推测岩体中水化学反应发生的程度，以及次生孔隙率的发育情况。

（5）砂岩的次生孔隙率的变化具有时间依赖性，随着浸泡—风干循环水－岩作用次数增加，次生孔隙率逐渐增大，次生孔隙率在前 3 次浸泡—风干循环作用的变化规律与以往常规的浸泡试验结果基本一致；而在 3 次浸泡—风干循环作用之后，砂岩次生孔隙率继续较快增长，这个变化主要是由浸泡—风干循环水－岩作用对岩体的损伤累积引起的。在 5 次浸泡—风干循环作用之后，溶液中水－岩化学作用逐渐减弱，次生孔隙率的变化也逐渐趋于缓慢。

（6）在浸泡—风干循环水－岩作用过程中，三种浸泡情况下，砂岩试样的纵波波速、回弹值均逐渐下降，其中回弹值的下降速率快于纵波波速的下降速率，总体趋势基本一致。

（7）不同试验阶段的岩石试样显微结构照片显示，经过浸泡—风干循环水－岩作用后，矿物颗粒均发生了不同程度的溶解、溶蚀，颗粒界限边缘变得模糊，不规则状变得趋向圆滑，颗粒之间的钙质胶结趋向松散，说明水溶液对砂岩的物理化学细观损伤作用较强。

（8）水－岩作用损伤在微细观上表现为其微观结构的变化，包括孔隙、裂隙、裂纹的聚集、扩展等，在宏观上则表现为岩石力学性质的劣化。而这个损伤演化过程与水－岩物理、化学作用和力学作用密切相关，从试验结果来看，除了水－岩物理、化学作用外，水压力的升、降变化和浸泡—风干循环水－岩作用对损伤演化规律也起着非常重要的作用，浸泡—风干循环作用对岩体的损伤是一种累积性发展的过程，即每一次的效应并不一定很显著，但多次重复发生，却可使效应累积性增大，导致岩体质量逐渐劣化。

　　(9)单纯的静水压力对水－岩化学反应的影响较小，其差别在于物理和力学损伤作用促进水－岩化学作用的发生，岩石试样浸泡时，水分子在岩石试样中的内渗或外渗，在水压力的作用(特别是水压力上升、下降的作用)下，在裂隙端点处产生的应力集中容易诱发裂隙扩张、扩展，更有利于渗透通道的形成，进而为水化学反应提供了更多的反应表面，使溶液与岩石矿物的反应机率增大、速度加快，由此加大了其微观结构变化的程度。试验结果表明，浸泡时水压力变化越大，对离子浓度和次生孔隙的影响越大，而且浸泡时间越长，浸泡—风干循环水－岩次数越多，对岩体的损伤越严重。

第9章　水－岩作用下砂岩劣化损伤统计本构模型

在前期浸泡—风干循环水－岩作用试验数据分析基础上，根据水－岩作用过程中砂岩三轴压缩试验应力－应变曲线的特点，借助连续损伤力学和统计理论，将浸泡—风干循环水－岩作用的损伤效应直接耦合到损伤统计本构模型中，并重点考虑了压密段的影响，分段建立了水－岩作用下砂岩的统计损伤本构方程。对比分析表明，所建立的分段统计损伤本构模型计算曲线与试验曲线符合较好，说明所建立的统计损伤本构方程可以较好地反映砂岩在浸泡—风干循环水－岩作用的损伤效应，在水－岩作用过程中，本构模型第二段的参数 m 和 F_0 均逐渐减小，反映了水－岩作用下砂岩脆性逐渐减弱、宏观强度逐渐降低的力学特性。

9.1　水－岩作用下砂岩力学参数劣化规律

第 4 章对浸泡—风干循环水－岩作用下典型砂岩的力学特性及变形破坏特征变化规律进行了详细介绍，这里以 0.4MPa 水压力浸泡情况为例进行分析，列出水－岩作用损伤本构模型分析所需的各参数的试验结果，如图 9.1～图 9.5 所示。

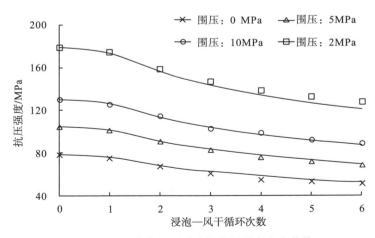

图 9.1　水－岩作用下砂岩的抗压强度变化曲线

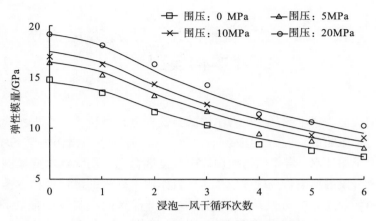

图 9.2　水－岩作用下砂岩的弹性模量变化曲线

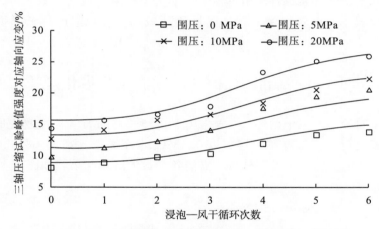

图 9.3　水－岩作用下砂岩峰值强度对应轴向应变变化曲线

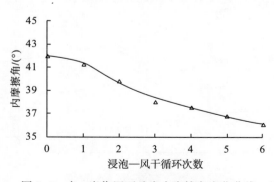

图 9.4　水－岩作用下砂岩内摩擦角变化曲线

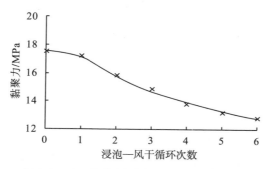

图 9.5　水－岩作用下砂岩黏聚力变化曲线

在水－岩作用过程中，砂岩的抗压强度、弹性模量、黏聚力和内摩擦角等参数随着浸泡—风干循环周期 n 的增加而逐渐降低，说明浸泡—风干循环水－岩作用导致了砂岩不可逆的渐进损伤，若假定这个损伤过程随着浸泡—风干循环水－岩作用次数的增加连续变化，则可以建立各力学参数的损伤演化方程，具体如表 9.1 所示。

表 9.1　浸泡—风干循环水－岩作用下砂岩力学参数劣化规律拟合函数关系式

参数	损伤演化方程
三轴抗压强度	$\sigma_n = \sigma_0[1 - 0.0410\ln(1 + 1.08471n^{4.3973})]$ 其中，围压为 0MPa、5MPa、10MPa、20MPa 时，σ_0 分别为 78.31MPa、104MPa、38MPa、129.90MPa、179.27MPa
弹性模量	$E_n = E_0[1 - 0.1280\ln(1 + 0.58941n^{2.4881})]$ 其中，围压为 0MPa、5MPa、10MPa、20MPa 时，E_0 分别为 14.39MPa、16.67MPa、18.02MPa、19.72MPa
峰值应变	$\varepsilon_n = 1.9\varepsilon_0[1 - 0.1567\exp(1 - 0.01851n^{2.7784})]$ 其中，围压为 0MPa、5MPa、10MPa、20MPa 时，ε_0 分别为 8.08‰、10.32‰、12.13‰、15.62‰
内摩擦角	$\varphi_n = \varphi_0[1 - 0.0218\ln(1 + 1.0085n^{3.5663})]$ 其中，$\varphi_0 = 42.00°$
黏聚力	$c_n = c_0[1 - 0.0420\ln(1 + 0.8167n^{3.69658})]$ 其中，$c_0 = 17.56$MPa

9.2　水－岩作用下砂岩损伤变量的确定

9.2.1　损伤变量的确定

基于岩石材料内部所含缺陷分布的随机性，较多学者从岩石微元强度服从正态分布或 Weibull 分布的角度出发，结合岩石三轴试验结果分析，通过引入参量描述岩石微元强度分布的规律，建立了岩石损伤演化方程和岩石损伤软化本构模型。研究表明，统计损伤力学是描述岩石破坏过程的有效方法之一，因此，本节借助 Weibull 统计分布理论，对三峡库区典型砂岩在水－岩作用下的损伤效应进行描述。

根据 Lemaitre 应变等效假说，材料在变形前后应变等价，则岩石损伤本构关系如式（9.1）所示。

$$[\boldsymbol{\sigma}^*] = \frac{[\boldsymbol{\sigma}]}{1-D} = \frac{[\boldsymbol{C}][\boldsymbol{\varepsilon}]}{1-D} \tag{9.1}$$

式中，$[\boldsymbol{\sigma}^*]$ 表示岩石的有效应力矩阵，$[\boldsymbol{\sigma}]$ 表示岩石的名义应力矩阵，D 表示岩石的损伤变量，$[\boldsymbol{C}]$ 表示岩石材料弹性矩阵，$[\boldsymbol{\varepsilon}]$ 表示岩石的应变矩阵。

在外荷载作用下，岩石材料内部微元体的破坏是随机分布的，定义损伤变量 D 为岩石内材料破坏的微元数量 N_f 与岩石材料微元总数 N 的比值，假定岩石材料微元体破坏的概率密度函数为 $P[F]$，则可以得到岩石材料损伤变量的表达式：

$$D = \frac{N_f}{N} = \frac{\int_0^F N \times P(x)\mathrm{d}x}{N} = \int_0^F P(x)\mathrm{d}x \tag{9.2}$$

假定岩石材料宏观上满足各向同性条件，材料微元体强度 F 服从 Weibull 分布，而且微元体破坏具有线弹性性质，服从胡克定律，岩石材料微元体强度的概率密度函数可表示为

$$P(F) = \frac{m}{F_0} \times \left(\frac{F}{F_0}\right)^{m-1} \times \exp\left[-\left(\frac{F}{F_0}\right)^m\right] \tag{9.3}$$

将上式代入式（9.2），可以得到基于 Weibull 分布的损伤变量表达式：

$$D = \int_0^F P(x)\mathrm{d}x = 1 - \exp\left[-\left(\frac{F}{F_0}\right)^m\right] \tag{9.4}$$

式中，F 为岩石微元强度 Weibull 分布的随机分布变量；m 和 F_0 为 Weibull 分布参数。由上式分析可知，岩石材料微元体破坏概率一旦确定，则损伤变量确定的关键在于微元体强度的确定。

9.2.2　岩石微元强度的确定

假定岩石材料破坏准则为

$$f(\sigma^*) - k_0 = 0 \tag{9.5}$$

式中，k_0 是与岩石材料内摩擦角和黏聚力有关的一个常数。

Drucker－Prager 破坏准则常用于各类岩石类材料，参数形式简单，因此，采用该准则表示岩石材料微元体的强度。

$$F = f(\sigma^*) = \alpha_0 I_1 + J_2^{1/2} \tag{9.6}$$

$$\alpha_0 = \frac{\sin\varphi}{\sqrt{9 + 3\sin^2\varphi}} \tag{9.7}$$

$$I_1 = \sigma_x^* + \sigma_y^* + \sigma_z^* = \sigma_1^* + \sigma_2^* + \sigma_3^* \tag{9.8}$$

$$J_2 = \frac{1}{6}\left[(\sigma_1^* - \sigma_2^*)^2 + (\sigma_2^* - \sigma_3^*)^2 + (\sigma_1^* - \sigma_3^*)^2\right] \tag{9.9}$$

式中，φ 为内摩擦角，I_1 为应力张量第一不变量，J_2 为应力偏量第二不变量，σ_1、σ_2、σ_3 为名义应力，σ_1^*、σ_2^*、σ_3^* 为名义应力对应的有效应力。

根据广义胡克定律：

$$\varepsilon_1 = \frac{\sigma_1^* - \nu(\sigma_2^* + \sigma_3^*)}{E} \tag{9.10}$$

$$\sigma_i^* = \frac{\sigma_i}{1 - D} \quad (i = 1,2,3) \tag{9.11}$$

式中，ν 为岩石的泊松比，E 为岩石的弹性模量，常规三轴压缩试验中，$\sigma_2 = \sigma_3$。

将式(9.10)、式(9.11)代入式(9.8)、式(9.9)得

$$I_1 = \frac{(\sigma_1 + 2\sigma_3)E\varepsilon_1}{\sigma_1 - 2\nu\sigma_3} \tag{9.12}$$

$$\sqrt{J_2} = \frac{(\sigma_1 - \sigma_3)E\varepsilon_1}{\sqrt{3} \times (\sigma_1 - 2\nu\sigma_3)} \tag{9.13}$$

根据式(9.6)、式(9.7)、式(9.12)、式(9.13)可确定岩石的微元强度为

$$F = \frac{\sin\varphi}{\sqrt{9 + 3\sin^2\varphi}} \times \frac{(\sigma_1 + 2\sigma_3)E\varepsilon_1}{\sigma_1 - 2\nu\sigma_3} + \frac{(\sigma_1 - \sigma_3)E\varepsilon_1}{\sqrt{3} \times (\sigma_1 - 2\nu\sigma_3)}$$

$$= \frac{E\varepsilon_1}{\sqrt{3} \times (\sigma_1 - 2\nu\sigma_3)} \times \left(\frac{\sin\varphi(\sigma_1 + 2\sigma_3)}{\sqrt{3 + \sin^2\varphi}} + \sigma_1 - \sigma_3\right) \tag{9.14}$$

9.3　水-岩作用下砂岩统计损伤本构模型

9.3.1　水-岩作用下砂岩统计损伤本构方程

1. 不考虑应力-应变曲线压密段的影响

将式(9.4)和式(9.14)代入式(9.1)，可以得到基于 Weibull 分布的岩石软化损伤本构关系：

$$\sigma_1 = E\varepsilon_1(1 - D) + \nu(\sigma_3 + \sigma_2)$$

$$= E\varepsilon_1 \exp\left(-\left(\frac{F}{F_0}\right)^m\right) + \nu(\sigma_3 + \sigma_2)$$

$$= E\varepsilon_1 \exp\left\{-\left[\frac{\dfrac{E\varepsilon_1}{\sqrt{3} \times (\sigma_1 - 2\nu\sigma_3)} \times \left(\dfrac{\sin\varphi \times (\sigma_1 + 2\sigma_3)}{\sqrt{3 + \sin^2\varphi}} + \sigma_1 - \sigma_3\right)}{F_0}\right]^m\right\} + 2\nu\sigma_3$$

$$\tag{9.15}$$

　　根据前期的试验结果分析可知，在浸泡—风干循环水－岩作用下，砂岩的弹性模量 E 和内摩擦角 φ 的劣化规律与浸泡—风干循环作用次数 n 具有很好的相关性，将表 9.1 中建立的浸泡—风干循环水－岩作用下砂岩力学参数劣化规律拟合函数关系式代入式（9.15），则可以得到浸泡—风干循环作用下砂岩的 Weibull 分布损伤软化本构关系：

$$\sigma_1 = E_n \varepsilon_1 \exp\left\{-\left[\frac{E_n \times \varepsilon_1 \times \left(\dfrac{\sin\varphi_n \times (\sigma_1 + 2\sigma_3)}{\sqrt{3 + \sin^2\varphi_n}} + \sigma_1 - \sigma_3\right)}{F_0 \times \sqrt{3} \times (\sigma_1 - 2\nu\sigma_3)}\right]^m\right\} + 2\nu\sigma_3$$

$$\tag{9.16}$$

　　这是以往统计损伤模型分析中采用的分析思路，但是从对比分析结果来看，在应力较小时，采用式（9.15）拟合得到的应力－应变曲线一般为近似直线或者上凸形状，而本节试验过程中，岩样在较低应力水平存在明显的压密段，而且随着水－岩作用次数的增加，压密段逐渐增长，应力－应变曲线上（图 9.6）就表现为明显的下凸形，如果直接用式（9.15）的函数形式，将无法反映压密阶段的特点，也不能很好地反映水－岩作用下砂岩的劣化损伤效应。

　　2. 考虑应力－应变曲线压密段的影响

　　第 4 章详细介绍了不同浸泡—风干循环水－岩作用次数岩样的应力－应变曲线，不同围压下岩样的应力－应变曲线形态基本一致，均存在明显的压密阶段，而且变化规律基本一致，水－岩作用下典型的应力－应变曲线如图 9.6 所示（图中数字 0～6 表示浸泡—风干循环水－岩作用次数），随着浸泡—风干循环水－岩作用次数的增加，压密段越来越长，因此，在考虑水－岩作用统计损伤模型分析中，应该重点考虑压密段的影响。

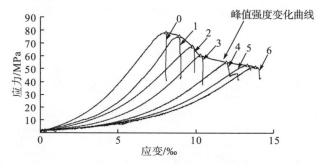

图 9.6　水－岩作用下砂岩单轴抗压强度试验应力－应变曲线

　　从图 9.6 可以看出，砂岩的单轴压缩应力－应变曲线压密段呈下凹形，随着应力的增加，应力－应变曲线的斜率逐渐增大，岩石有逐渐强化的趋势，具有明显的非线性特点，分析其原因是水－岩作用逐渐导致岩石内部的细微观裂隙的集中化及扩展，以及向宏观裂纹、裂隙的转变，内部的次生孔隙率增加，在宏观上就表现为岩石的抗压强度逐渐衰减、应力应变曲线变缓、压密段变长、弹性模量降低等。

在水-岩作用下砂岩统计损伤本构模型分析中，将应力-应变曲线中压密段分开单独考虑，令压密段终点的应力、应变分别为 σ_{1c}、ε_{1c}，σ_{1c} 与峰值应力 σ_1 的比值为 α。假定岩样内部的微观孔隙、裂隙是随机分布的，根据 Weibull 分布函数形式的特点，应力-应变曲线的形状主要与公式中的 $\exp\left(-\left(\dfrac{F}{F_0}\right)^m\right)$ 有关，根据压密阶段应力-应变曲线下凸形的特点，特将该部分调整为 $1-\exp\left(-\left(\dfrac{F}{F_0}\right)^m\right)$，可以得到压密段的本构方程，如式（9.17）所示，经验证该部分应力-应变与试验数据吻合较好，可以较好地反映压密段的特点；压密段以上的本构关系采用式（9.15）相同的形式，水-岩作用下砂岩的统计损伤本构方程分段表达为

当 $\varepsilon_1 \leqslant \varepsilon_{1c}$ 时：

$$\sigma_1 = E_n\varepsilon_1\left\{1-\exp\left[-\left(\frac{\dfrac{E_n\varepsilon_1}{\sqrt{3}\times(\sigma_1-2\nu\sigma_3)}\times\left(\dfrac{\sin\varphi_n\times(\sigma_1+2\sigma_3)}{\sqrt{3+\sin^2\varphi_n}}+\sigma_1-\sigma_3\right)}{F_0}\right)^m\right]\right\}$$
$$+2\nu\sigma_3 \tag{9.17}$$

当 $\varepsilon_1 > \varepsilon_{1c}$ 时：

$$\sigma_1 = E_n(\varepsilon_1-\varepsilon_{1c})$$
$$\cdot\exp\left\{-\left[\frac{\dfrac{E_n(\varepsilon-\varepsilon_{1c})}{\sqrt{3}(\sigma_1-\sigma_{1c}-2\nu\sigma_3)}\left(\dfrac{\sin\varphi_n\times(\sigma_1-\sigma_{1c}+2\sigma_3)}{\sqrt{3+\sin^2\varphi_n}}+\sigma_1-\sigma_{1c}-\sigma_3\right)}{F_0}\right]^m\right\}$$
$$+\sigma_{1c}+2\nu\sigma_3 \tag{9.18}$$

在本节的模型中压密段终点选取时参照弹性模量的取值方法，取曲线段的终点（直线段的起点）作为压密段的终点，物理意义明确。而且，分析表明浸泡-风干循环水-岩作用过程中，压密段终点应力与峰值应力比值 α 逐渐增大，这与岩样在水-岩作用过程中孔隙率逐渐增加是一致的。

9.3.2　水-岩作用下砂岩统计损伤本构方程参数的确定

上述本构关系建立的关键在于浸泡-风干循环水-岩作用过程中 Weibull 分布参数 m 和 F_0 的确定，现在关于统计模型求解的思路主要有两种，一种是直接解方程求解，一种是采用数据拟合方法求解。虽然直接求解法具有严格的数学逻辑和物理意义，但求解过程复杂，拟合求解法虽不能严格满足各项求解条件，但是过程简单，而且拟合效果较好，因此，本节分析中根据数据拟合方法进行求解。

（1）当 $\varepsilon_1 \leqslant \varepsilon_{1c}$ 时，对式（9.17）移项变形得

$$1 - \frac{\sigma_1 - 2\nu\sigma_3}{E_n\varepsilon_1} = \exp\left\{-\left[\frac{\dfrac{E_n\varepsilon_1}{\sqrt{3}(\sigma_1 - 2\nu\sigma_3)}\left(\dfrac{\sin\varphi_n \times (\sigma_1 + 2\sigma_3)}{\sqrt{3 + \sin^2\varphi_n}} + \sigma_1 - \sigma_3\right)}{F_0}\right]^m\right\}$$

（9.19）

两边取对数得

$$\ln\left(1 - \frac{\sigma_1 - 2\nu\sigma_3}{E_n\varepsilon_1}\right) = -\left[\frac{\dfrac{E_n\varepsilon_1}{\sqrt{3}(\sigma_1 - 2\nu\sigma_3)}\left(\dfrac{\sin\varphi_n \times (\sigma_1 + 2\sigma_3)}{\sqrt{3 + \sin^2\varphi_n}} + \sigma_1 - \sigma_3\right)}{F_0}\right]^m$$

（9.20）

移项变形取对数得

$$\ln\left(-\ln\left(1 - \frac{\sigma_1 - 2\nu\sigma_3}{E_n\varepsilon_1}\right)\right) = m\ln\left[\frac{\dfrac{E_n\varepsilon_1}{\sqrt{3}(\sigma_1 - 2\nu\sigma_3)}\left(\dfrac{\sin\varphi_n \times (\sigma_1 + 2\sigma_3)}{\sqrt{3 + \sin^2\varphi_n}} + \sigma_1 - \sigma_3\right)}{F_0}\right]$$

（9.21）

令

$$Y = \ln\left(-\ln\left(1 - \frac{\sigma_1 - 2\nu\sigma_3}{E_n\varepsilon_1}\right)\right)$$

$$X = \ln\left[\frac{E_n\varepsilon_1}{\sqrt{3}(\sigma_1 - 2\nu\sigma_3)}\left[\frac{\sin\varphi_n \times (\sigma_1 + 2\sigma_3)}{\sqrt{3 + \sin^2\varphi_n}} + \sigma_1 - \sigma_3\right]\right]$$

$$b_1 = -m_1\ln(F_{01})$$

则有

$$Y = m_1 X + b_1 \tag{9.22}$$

通过对应力－应变曲线压密段的数据进行线性拟合，即可求解得到损伤本构模型第一段的参数 m_1、b_1，从而得到

$$F_{01} = \exp\left(-\frac{b_1}{m_1}\right) \tag{9.23}$$

（2）当 $\varepsilon_1 > \varepsilon_{1c}$ 时，对式（9.18）移项变形得

$$\frac{\sigma_1 - \sigma_{1c} - 2\nu\sigma_3}{E_n(\varepsilon_1 - \varepsilon_{1c})}$$

$$= \exp\left\{-\left[\frac{\dfrac{E_n(\varepsilon - \varepsilon_{1c})}{\sqrt{3}(\sigma_1 - \sigma_{1c} - 2\nu\sigma_3)}\left(\dfrac{\sin\varphi_n \times (\sigma_1 - \sigma_{1c} + 2\sigma_3)}{\sqrt{3 + \sin^2\varphi_n}} + \sigma_1 - \sigma_{1c} - \sigma_3\right)}{F_0}\right]^m\right\}$$

（9.24）

两边取对数得

$$\ln\left(\frac{\sigma_1 - \sigma_{1c} - 2\nu\sigma_3}{E_n(\varepsilon_1 - \varepsilon_{1c})}\right)$$

$$= -\left[\frac{E_n(\varepsilon - \varepsilon_{1c})}{\sqrt{3}(\sigma_1 - \sigma_{1c} - 2\nu\sigma_3)}\left(\frac{\sin\varphi_n \times (\sigma_1 - \sigma_{1c} + 2\sigma_3)}{\sqrt{3 + \sin^2\varphi_n}} + \sigma_1 - \sigma_{1c} - \sigma_3\right)\right]^m \tag{9.25}$$

移项变形取对数得

$$\ln\left(-\ln\left(\frac{\sigma_1 - \sigma_{1c} - 2\nu\sigma_3}{E_n(\varepsilon_1 - \varepsilon_{1c})}\right)\right)$$

$$= m\ln\left[\frac{E_n(\varepsilon - \varepsilon_{1c})}{\sqrt{3}(\sigma_1 - \sigma_{1c} - 2\nu\sigma_3)}\left(\frac{\sin\varphi_n \times (\sigma_1 - \sigma_{1c} + 2\sigma_3)}{\sqrt{3 + \sin^2\varphi_n}} + \sigma_1 - \sigma_{1c} - \sigma_3\right)\right]$$

$$\tag{9.26}$$

令

$$Y = \ln\left(-\ln\left(\frac{\sigma_1 - \sigma_{1c} - 2\nu\sigma_3}{E_n(\varepsilon_1 - \varepsilon_{1c})}\right)\right)$$

$$X = \ln\left[\frac{E_n(\varepsilon - \varepsilon_{1c})}{\sqrt{3}(\sigma_1 - \sigma_{1c} - 2\nu\sigma_3)}\left(\frac{\sin\varphi_n \times (\sigma_1 - \sigma_{1c} + 2\sigma_3)}{\sqrt{3 + \sin^2\varphi_n}} + \sigma_1 - \sigma_{1c} - \sigma_3\right)\right]$$

$$b = -m_2\ln(F_{02})$$

则有

$$Y = m_2 X + b_2 \tag{9.27}$$

同样，通过对应力－应变曲线压密段以上的试验数据进行线性拟合，即可求解第二段的 m_2、b_2，从而得到

$$F_{02} = \exp\left(-\frac{b_2}{m_2}\right) \tag{9.28}$$

9.3.3　水－岩作用下砂岩统计损伤本构模型的验证

将砂岩试样在不同浸泡—风干循环作用次数下的应力－应变曲线按照上述过程进行分段拟合求解，可以得到各段曲线对应的 m 和 F_0，如表 9.2 所示。限于篇幅，这里以单轴压缩的试验结果进行示例分析。

表 9.2　浸泡—风干循环水－岩作用过程中试验曲线拟合结果

浸泡—风干循环次数	压密段终点应力与峰值应力比值 α	拟合参数			
		第一段($\varepsilon_1 \leqslant \varepsilon_{1c}$)		第二段($\varepsilon_1 > \varepsilon_{1c}$)	
		m_1	F_{01}	m_2	F_{02}
0	0.3400	0.5466	132.7412	25.63	48.1522
1	0.3604	0.9023	130.581	24.63	43.9918

浸泡—风干循环次数	压密段终点应力与峰值应力比值 α	拟合参数			
		第一段（$\varepsilon_1 \leqslant \varepsilon_{1c}$）		第二段（$\varepsilon_1 > \varepsilon_{1c}$）	
		m_1	F_{01}	m_2	F_{02}
2	0.3704	0.9295	116.1921	24.13	39.3218
3	0.3798	1.155	115.9602	23.71	34.21158
4	0.3894	1.162	111.9137	18.21	30.3289
5	0.3982	1.335	109.0858	18.01	30.3228
6	0.4071	1.356	105.328	17.275	28.9999

根据表 9.2 中参数计算得到水－岩作用过程中的砂岩单轴压缩应力－应变曲线与实际试验曲线对比，如图 9.7 所示，图中，从左至右依次分别表示 0～6 次浸泡—风干循环水－岩作用。

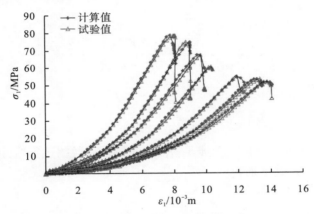

图 9.7　单轴压缩应力－应变曲线模型计算值与试验值

综合表 9.2 和图 9.7 可以看出：

（1）建立的分段损伤统计本构模型计算曲线与试验曲线符合较好，说明考虑水－岩作用过程对岩石应力－应变曲线压密阶段的影响的分析思路是合理可行的，而且可以较好地反映浸泡—风干循环水－岩作用对砂岩的劣化损伤效应。

（2）在水－岩作用过程中，随着浸泡—风干循环周期的增加，应力－应变曲线压密终点应力与峰值应力比值逐渐增大，一方面，说明在损伤本构模型分析中必须要考虑压密段的非线性特征；另一方面，说明在水－岩作用过程中砂岩的次生孔隙率增加及岩石骨架软化导致的岩石压密变形逐渐增大。

（3）在 Weibull 分布中，参数 m 的物理意义可理解为岩石脆性程度的指标，m 值越大，对应脆性程度越强；参数 F_0 的物理意义可理解为岩石宏观平均强度大小的指标。从应力－应变曲线第二段的参数 m 和 F_0 变化规律可以看出，随着浸泡—风干循环水－岩作用次数的增加，m 和 F_0 均逐渐减小，说明水－岩作用导致砂岩的脆性逐渐减弱，宏观强度逐渐降低，这与水－岩作用下砂岩的实际变形破坏特征是一致的。

9.4　小　结

（1）在浸泡—风干循环水－岩作用过程中，砂岩的抗压强度、弹性模量、黏聚力和内摩擦角等参数劣化规律明显，建立了各力学参数的损伤演化方程。

（2）根据水－岩作用中砂岩三轴压缩过程中应力－应变曲线的特点，借助连续损伤力学和统计理论，将浸泡—风干循环水－岩作用的损伤效应直接耦合到损伤统计本构模型中，重点考虑了压密段的影响，分段建立了水－岩作用下砂岩的统计损伤本构方程。

（3）对比分析表明，所建立的分段统计损伤本构模型计算曲线与试验曲线符合较好，说明所建立的统计损伤本构方程可以较好地反映浸泡—风干循环水－岩作用的损伤效应，在水－岩作用过程中，本构模型第二段的参数 m 和 F_0 均逐渐减小，反映了水－岩作用下砂岩脆性逐渐减弱、宏观强度逐渐降低的力学特性，这与水－岩作用下砂岩的实际变形破坏特征也是一致的。

第 10 章 研究结论及展望

本书重点对库岸边坡水－岩作用效应和作用机理进行了比较系统的研究。首先从水－岩化学作用、物理作用和力学效应理论分析入手，对水库正常运营过程中库岸边坡水－岩作用进行了分析讨论；在此基础上，研制了专用的试验设备，模拟库岸边坡消落带的浸泡—风干循环水－岩作用，针对三峡库区的典型岸坡消落带岩体，开展了一系列水－岩作用试验，系统地研究了水－岩作用下消落带岩体的物理、力学性质损伤劣化规律，并结合无损检测技术和微观结构分析，深入地研究其损伤劣化机理，得到了相关的研究结论。相关研究成果可为库岸边坡的长期变形稳定分析评价提供重要的参考。

10.1 主要研究结论

10.1.1 水库正常运营过程中库岸边坡水－岩作用分析

(1)水－岩物理、化学作用和力学作用通常是不可分割的，库岸边坡的破坏，通常是三类作用的综合结果，在不同时期，各类作用所占的比例不一样，引起边坡岩体破坏的作用机理也不一样的，因此，对于库岸边坡岩体在库水位变化时水－岩作用机理的分析应该分三个阶段考虑：库水位上升期、库水位相对稳定期和库水位消落期，同时应该重点考虑浸泡—风干循环作用。

(2)对库岸边坡采用分段的方法，详细分析了库水升降对库岸边坡岩体的力学作用，从力学机理上解释了库岸边坡在水位上升或下降过程中安全系数呈先减小后增大变化规律的原因，也能很好地解释一些库岸边坡失稳的原因。

(3)水－岩作用的机制可以概括为以下五个方面：一是力学弱化机制，裂隙水压力的增加使裂纹、裂隙结构面上的正应力减小；二是局部应力集中机制，自然界的岩体饱含各种各样的节理、裂隙，各向异性非常明显，由于岩体结构非均匀性的影响，裂隙水压力扩散使水压力峰面达到岩体中的控制结构面时，容易导致局部应力和增量孔隙压力的集中，如果岩体中存在封闭的"干燥"裂隙或结构面，当在一定压力梯度作用下充水时，孔隙压力的变化将是一个相当大的值，这个变化对诱发库岸边坡失稳具有重要的影响；三是物理弱化机制，水分子沿着岩体中的微裂纹、微裂隙和颗粒之间接触面等结构面在岩体内部渗透，水的润滑、软化作用降低岩体的摩擦系数和黏聚力；四是化学弱化机制，主要包括化学溶解和沉淀、水合和水解、吸附作用和离子交换、氧化－还原、脱碳酸与脱硫酸作用等，产生次生矿物，引起岩体内部结构、孔隙率的变化；五是浸泡—风干循环水－岩作用累积损伤机制，库水位的升降循环过程，是对库岸边坡岩体损伤的一次次累积，岩体内部往往存在着大量弥散分布的细观缺陷，这个循环过程逐渐导致岩体内的细微观裂隙的集中化及扩展，以及向宏观裂纹、裂隙的转变，在宏观裂纹、裂隙形成以后，水－岩物理化学作用愈加强烈，其细观的损伤不断演化，推动宏观缺陷的发展，而宏观裂纹在扩展过程中所引起的细观损伤区域，是水－岩化学作用强烈的区域。

(4)从断裂力学角度分析了裂隙水压力对裂纹强度因子的影响，计算结果表明，裂隙水压力增大，裂纹面上的有效正应力减小，裂纹处尖端应力强度因子 K_{I} 增大，起到了劈裂裂纹的"楔入"作用，使岩体产生渐进性破坏。对于未闭合的裂纹，裂隙水压力对裂纹尖端的应力强度因子 K_{II} 没有影响；对于闭合裂纹，裂隙水压力抵消了裂纹面上一部分正应力，减少摩阻力，并且随着裂隙水压力的增加，K_{II} 增大。

(5)对考虑裂隙水压力作用的 $\mathrm{I}\sim\mathrm{II}$ 型复合裂纹扩展进行了研究，结果表明 $\mathrm{I}\sim\mathrm{II}$ 型复合裂纹的裂纹扩展角 θ 的变化，不仅与裂纹的闭合程度、斜裂纹倾角 a、双向应力大小有关，还与裂隙水压力的大小、裂纹面的摩擦系数有关。裂纹的扩展角 θ 随比值 p/σ_1 的增大而增大，随 σ_3/σ_1 的增大而减小，随着裂纹倾角 α 的增大缓慢减小，并且在相同情况下，未闭合裂纹的扩展角要大于闭合裂纹的扩展角；对于闭合裂纹，摩擦角 φ 越小，扩展角 θ 越大。

(6)推导了基于摩尔－库仑屈服准则考虑裂隙水压力的岩体闭合裂纹断裂韧度 K_{IC}、K_{IIC} 和压剪状态下 I、II 型复合断裂判据，考虑裂隙水压力作用后，随着裂隙水压力的增大，I、II 型断裂的断裂韧度 K_{IC}、K_{IIc} 减小。

10.1.2　岩石力学试验试样选择和强度预测、修正研究

(1)把超声－回弹综合法应用到岩石试样选取中去，利用两种方法的优点，既能反映岩石的弹性，又能反映岩石的塑性；既能反映岩石的表层状态，又能反映岩石的内部构造，这样可以由表及里、较为全面地反映岩石的强度。在试验之前，严格选样，挑出那些可能会使试验结果很离散的试样，提高室内试验的准确程度。实践表明，这种选样方法具有较好的适用性，对有缺陷的试样有较好的识辨能力，而且方便、快速、对试样没有损伤，因此，在岩石试样选择中值得推广应用。

(2)岩石抗压强度与岩石纵波波速、回弹值有较好的相关性，对岩石试样采用超声－回弹综合法测试，建立了岩石抗压强度与纵波波速、回弹值的多元回归模型，结果表明这个综合经验公式的预测强度值是可信的，而且比以往单纯声波

或者回弹法预测岩石抗压强度经验公式的准确程度要高。

(3)岩石试样之间的差异往往是影响试验结果准确性和离散性的一个重要且不易控制的因素。因此，在采用力学试验方法来研究岩石力学性质时，必须尽量控制和消除岩样之间的差异所造成的影响。基于超声波法和回弹法等无损检测技术，提出了岩石抗压强度修正方法，试着去分辨、衡量岩样之间的差别，并建立了经验修正公式和神经网络模型，实践表明，在系列对比试验结果分析中，修正方法具有较好的实用性，配合一定次数的重复性试验，将会更好地把握试验规律。因此，在类似岩石试验方案设计及结果分析中值得借鉴。

10.1.3　水－岩作用下砂岩力学特性劣化规律研究

(1)设计考虑水压力升、降变化的浸泡—风干循环作用试验，较好地模拟了库水消落带的水－岩作用。在浸泡—风干循环作用过程中，岩样的应力－应变曲线逐渐变缓，压密段长度逐渐变长，弹性变形段的斜率逐渐变小，弹性模量逐渐降低，屈服阶段也逐渐变长，屈服平台明显，达到峰值强度时对应的轴向应变逐渐变大，岩石试样有逐渐"变软"的趋势。

(2)在浸泡—风干循环水－岩作用过程中，三种浸泡情况下，砂岩试样的抗压强度逐渐下降的趋势基本一致，但是，浸泡时的压力变化越大，强度下降的趋势越明显，并且砂岩试样的抗压强度下降趋势与试验时加载的围压有关，围压越低，下降的趋势越明显。

(3)在浸泡—风干循环水－岩作用过程中，水－岩作用对试样的强度造成损伤效应较大，黏聚力下降的幅度明显大于内摩擦角的变化，6 次循环以后，c 值下降了 25.86%～30.77%，φ 值下降了 11.87%～15.34%。

(4)岩样的弹性模量、变形模量随着浸泡—风干循环水－岩作用次数的增加逐渐降低，趋势明显。弹性模量和变形模量下降的幅度要明显大于抗压强度的下降幅度，弹性模量的下降幅度要比变形模量的下降幅度大，而且不同浸泡压力的试样变化差别明显，浸泡时压力变化越大，弹性模量和变形模量劣化得越严重。

(5)在浸泡—风干循环过程中，水－岩作用对试样的强度损伤效应较大，砂岩试样的弹性模量、变形模量、抗压强度和 c、φ 值逐渐劣化，变化趋势基本一致，而且浸泡时的压力变化幅度越大，强度劣化的趋势越明显。在循环作用初期，劣化幅度比较小；2～4 次浸泡—风干循环水－岩作用时，劣化速率相对较快；5～6 次循环作用时，劣化速率相对变缓，并逐渐趋于缓慢。

(6)随着围压的增大，岩石试样张性破坏特征逐渐减弱，剪性破坏特征逐渐明显，即由张性破坏过渡到张剪性破坏，由张剪性破坏过渡到剪张性破坏，围压达到 20MPa 时，试样破坏时往往只有单一的剪切破坏面。

(7)从总体统计规律来看，随着围压增大，砂岩试样破坏时的剪切破坏角逐渐变小，相同围压破坏的试样，随着浸泡—风干循环次数的增加，剪切破坏角有逐渐变小的趋势，这与砂岩试样强度参数劣化的规律是一致的。

(8)浸泡—风干循环水－岩作用对岩样的损伤在微观上表现为微观结构的变化，包括孔隙、裂隙、裂纹的聚集、扩展等，在宏观上则表现为岩石力学性质的劣化。而这个损伤演化过程与水－岩物理、化学作用和力学作用密切相关，从本书的试验结果来看，除了水－岩物理、化学作用之外，水压力的升、降变化和浸泡—风干循环水－岩作用过程对损伤演化规律起着非常重要的作用，这也是本书研究的重点。浸泡—风干循环水－岩作用对岩体的损伤是一种累积性发展的过程，即每一次的效应并不一定很显著，但多次重复发生，却可使效应累积性增大，导致岩体质量逐渐劣化。

10.1.4　水－岩作用下损伤砂岩力学特性劣化规律研究

(1)浸泡—风干循环水－岩作用过程中，循环加、卸载损伤试样的纵波波速、回弹值、单轴抗压强度随循环次数增加逐渐劣化，而且劣化规律一致，说明浸泡—风干循环水－岩作用对岩体的损伤具有累积效应。

(2)在浸泡—风干循环水－岩作用过程中，水压力的升、降变化越大，岩体的损伤越大，而且随着循环次数增加，不同浸泡压力情况的差别逐渐明显，说明水压力的变化在分析水－岩作用时是一个不可忽略的因素。

(3)岩样经历初始循环加载作用之后，其单轴抗压强度略有增强，但在浸泡—风干循环水－岩作用过程中，其抗压强度劣化效应明显，与完整岩样相比，损伤岩样的强度劣化速度和幅度更大。说明岩样在循环荷载作用下已经产生内部损伤，在浸泡—风干循环水－岩作用过程中，这个损伤效应逐渐被显现和放大出来，这也能较好地解释一些震后边坡在经历多个浸泡或降雨周期后容易失稳的原因。

(4)综合岩样微观结构变化和水－岩作用机制分析表明，在浸泡—风干循环水－岩作用过程中，水岩物理、化学和力学作用是导致岩样内部微观结构及其抗压强度、抗剪强度等力学参数劣化的根本原因，是一个从微观到宏观的累积损伤过程。

10.1.5　水－岩作用下砂岩断裂力学特性劣化规律研究

(1)对饱水和干燥砂岩试样进行了 3 点弯曲断裂韧度和抗压强度、抗拉强度试验，得到了砂岩 Ⅰ 型断裂韧度 K_{IC} 与抗压强度、抗拉强度和 c、φ 值等力学参数，研究表明，饱水情况下，砂岩的 Ⅰ 型断裂韧度与抗压强度、抗拉强度具有类似的软化效应。

(2)从理论上分析了岩石 Ⅰ 型断裂韧度 K_{IC} 与抗拉强度之间的关系，并结合大量试验数据进行了验证，分析成果为以往的岩石Ⅰ型断裂韧度 K_{IC} 与抗拉强度之间的数据统计拟合公式提供了理论基础。

（3）由于断裂韧度试验比较复杂，而抗拉强度测试方法相对简单，因此，可以根据各类岩石的抗拉强度和试验统计得到的 r 值，方便地估算出对应的Ⅰ型断裂韧度 K_{IC}。至于断裂韧度与抗压强度、黏聚力、内摩擦角等力学参数之间除了满足统计上的规律，是否存在理论上的关系还值得进一步的深入研究。

（4）综合砂岩试样断裂韧度劣化规律、峰值荷载对应切口张开位移和典型试样 P－CMOD 关系曲线等变形破坏特征可以看出，在浸泡过程中，砂岩有逐渐"变软"趋势，脆性逐渐减弱，塑性逐渐增强。

（5）长期浸泡和浸泡—风干循环作用导致了砂岩力学性质不可逆的渐进损伤，且考虑浸泡—风干循环作用下，砂岩的断裂韧度、抗拉强度和抗压强度劣化趋势更加明显。通过与以往类似试验对比分析发现，在模拟库岸边坡消落带水－岩作用时，浸泡—风干循环作用的过程和时间效应都是不可忽略的因素。

（6）长期浸泡和浸泡—风干循环水－岩作用下，砂岩的断裂韧度、抗拉强度和抗压强度劣化趋势基本一致，总的来说，砂岩的劣化程度在试验初期较为明显，后期逐渐趋于平缓，可以用函数关系式 $y = y_0[1 - a\ln(1 + bt^c)]$ 较好地拟合。但是劣化的幅度差别较大，其中，断裂韧度劣化最快，抗拉强度次之，抗压强度劣化相对较慢。

（7）长期浸泡和浸泡—风干循环作用下，砂岩试样有明显"变软"的趋势，根据断裂韧度和抗拉强度的相关性分析，抗拉强度和裂纹扩展半径的同时降低导致了断裂韧度的劣化幅度明显大于抗拉强度的劣化。

10.1.6　水－岩作用砂岩动力特性劣化规律研究

（1）在浸泡—风干循环作用过程中，岩样阻尼系数、阻尼比逐渐变大，动弹性模量逐渐减小，但 4 次循环作用之后，变化趋势逐渐趋缓，对应单次浸泡—风干循环作用引起的阻尼系数、阻尼比和动弹性模量变化逐渐减小。

（2）随着浸泡—风干循环作用次数的增加，在加载过程中达到相同的应力水平时岩样的轴向应变逐渐增大，在经历 30 次循环加、卸载作用后，岩样的不可逆塑性变形逐渐增大。

（3）各循环加卸载应力－应变滞回圈在荷载反转处总体呈尖叶状，随着浸泡—风干循环作用次数的增加，相同次数加、卸载循环作用时对应的滞回圈逐渐趋于饱满，面积越来越大。

（4）浸泡—风干循环作用次数越多，岩样的微观结构损伤效应越严重，宏观上表现为岩样阻尼比和阻尼系数逐渐增大、动弹性模量的逐渐降低。

（5）水－岩作用的进程决定岩样动力特性的变化，浸泡—风干循环作用对岩石的动力特性的损伤是一种累积性发展的过程，每一次的效应并不一定很显著，但多次重复发生，却可使效应累积性增大。

10.1.7　水－岩作用砂岩微观结构变化规律及机理研究

（1）在浸泡—风干循环水－岩作用过程中，各种浸泡溶液中出现的 Ca^{2+}、Na^+、K^+ 等离子浓度增高的现象，与长石在与水反应过程中有 Ca^{2+}、Na^+、K^+ 等离子的析出相关，而且 Na^+ 浓度增长明显比 Ca^{2+}、K^+ 等其他离子明显，这表明钠长石的溶解度要高于钙长石和钾长石。

（2）在 5 次浸泡—风干循环作用后，各种水－岩化学反应减弱，离子交换和吸附作用减弱，吸附、溶解、交换和沉淀逐渐达到平衡点，溶液中离子浓度趋于稳定。

（3）前 3 次浸泡—风干循环作用时，测得的三种不同情况浸泡溶液的离子浓度变化基本一致，而且与以往常规浸泡试验结果基本一致，但 3 次浸泡—风干循环作用之后，不同情况浸泡溶液的离子浓度变化差别逐渐明显，离子浓度的变化幅度要比静水常压情况浸泡时要大，而且浸泡时水压力变化越大，对离子浓度的影响越大；6 次浸泡—风干循环作用后，三种浸泡溶液中，Ca^{2+}、SiO_2 浓度在不同的压力浸泡情况下差别为 2％左右，Na^+、K^+ 浓度差别达到 10％左右。一方面说明在浸泡—风干循环水－岩作用过程中，水压力的升降变化对岩体的损伤要比静水常压时大；另一方面说明浸泡—风干循环水－岩作用对岩体的损伤具有累积效应。

（4）提出了根据离子浓度变化计算岩石中次生孔隙率变化规律的方法，计算结果与实测次生孔隙率变化规律基本一致。可以把这种方法应用到现场监测中去，通过长期监测离子浓度的变化来推测岩体中水化学反应发生的程度，以及次生孔隙率的发育情况。

（5）砂岩的次生孔隙率的变化具有时间依赖性，随着浸泡—风干循环水－岩作用次数增加，次生孔隙率逐渐增大，次生孔隙率在前 3 次浸泡—风干循环作用的变化规律与以往常规的浸泡试验结果基本一致；而在 3 次浸泡—风干循环作用之后，砂岩次生孔隙率继续较快增长，这个变化主要是由浸泡—风干循环水－岩作用对岩体的损伤累积引起的；在 5 次浸泡—风干循环作用之后，溶液中水－岩化学作用逐渐减弱，次生孔隙率的变化也逐渐趋于缓慢。

（6）在浸泡—风干循环水－岩作用过程中，三种浸泡情况下，砂岩试样的纵波波速、回弹值均逐渐下降，其中回弹值的下降速率快于纵波波速的下降速率，总体趋势基本一致。

（7）不同试验阶段的岩石试样显微结构照片显示，经过浸泡—风干循环水－岩作用后，矿物颗粒均发生了不同程度的溶解、溶蚀，颗粒界限边缘变得模糊，不规则状变得趋向圆滑,颗粒之间的钙质胶结趋向松散,说明水溶液对砂岩的物理化学细观损伤作用较强。

(8)水－岩作用损伤在微细观上表现为其微观结构的变化,包括孔隙、裂隙、裂纹的聚集、扩展等,在宏观上则表现为岩石力学性质的劣化。而这个损伤演化过程与水－岩物理、化学作用和力学作用密切相关,从试验结果来看,除了水－岩物理、化学作用之外,水压力的升、降变化和浸泡—风干循环水－岩作用对损伤演化规律也起着非常重要的作用,浸泡—风干循环作用对岩体的损伤是一种累积性发展的过程,即每一次的效应并不一定很显著,但多次重复发生,却可使效应累积性增大,导致岩体质量逐渐劣化。

(9)单纯的静水压力对水－岩化学反应的影响较小,其差别在于物理和力学损伤作用促进水－岩化学作用的发生,岩石试样浸泡时,水分子在岩石试样中的内渗或外渗,在水压力的作用(特别是水压力上升、下降的作用)下,在裂隙端点处产生的应力集中容易诱发裂隙扩张、扩展,更有利于渗透通道的形成,进而为水化学反应提供了更多的反应表面,使溶液与岩石矿物的反应机率增大、速度加快,由此加大了其微观结构变化的程度。试验结果表明,浸泡时水压力变化越大,对离子浓度和次生孔隙的影响越大,而且浸泡时间越长,浸泡—风干循环水－岩次数越多,对岩体的损伤越严重。

10.1.8　水－岩作用下砂岩劣化损伤统计本构模型

(1)在浸泡—风干循环水岩作用过程中,砂岩的抗压强度、弹性模量、黏聚力和内摩擦角等参数劣化规律明显,建立了各力学参数的损伤演化方程。

(2)根据水岩作用中砂岩三轴压缩过程中应力－应变曲线的特点,借助连续损伤力学和统计理论,将浸泡—风干循环水岩作用的损伤效应直接耦合到损伤统计本构模型中,重点考虑了压密段的影响,分段建立了水岩作用下砂岩的统计损伤本构方程。

(3)对比分析表明,所建立的分段统计损伤本构模型计算曲线与试验曲线符合较好,说明所建立的统计损伤本构方程可以较好地反映浸泡—风干循环水岩作用的损伤效应,在水岩作用过程中,本构模型第二段的参数 m 和 F_0 均逐渐减小,反映了水岩作用下砂岩脆性逐渐减弱,宏观强度逐渐降低的力学特性,这与水岩作用下砂岩的实际变形破坏特征也是一致的。

10.2　研　究　展　望

针对三峡库区库岸边坡的水－岩作用,上述的研究工作取得了一定的成果,但是还有很多不足之处,还有很多内容需要进一步深入的研究:

（1）本书设计的每个浸泡—风干循环水－岩作用试验周期为一个月，这与现实情况是有一定差别的，为了更切实际地研究库岸边坡岩体水－岩作用的长期效应，以后可否直接将岩石试样固定在库区相应高程，或者每年低水位期在相应高程采集岩石试样进行试验研究，这样对研究库岸边坡岩体的性质劣化、岸坡稳定以及库岸再造具有非常重要的意义。

（2）本书试验中仅考虑砂岩试样，应该针对库区的多种岩性开展浸泡—风干循环水－岩作用试验研究。

（3）在浸泡—风干循环水－岩作用时，考虑温度变化或冻融循环的耦合影响效应也值得进一步的研究。

（4）经历几次浸泡—风干循环水－岩作用后，在测试渗透系数时，很多试样出现了明显的与轴线近垂直的裂纹，有的试样甚至断成了几段，其破坏原因和机理有待进一步的研究。由于渗透系数测试时试样损坏较多，数据较少，本书中对这一方面没有进行相关分析。

（5）岩土体在浸泡和浸泡—风干循环水－岩作用下的蠕变效应对于边坡的稳定和变形影响较大，值得进一步的研究。

（6）自然界的岩体往往存在节理、裂隙等大量微观或宏观的缺陷，大量岩体工程如边坡、坝基等失稳均由软弱结构面或者沿结构面的破坏造成，因此节理岩体的水－岩作用效应和机理研究也值得深入的探讨。

参考文献

Arioglu E. 1993. 用施米德特锤迅速可靠地估测岩石强度. 中州煤炭, 1: 44-46.

曹平, 杨慧, 江学良. 2010. 水岩作用下岩石亚临界裂纹的扩展规律. 中南大学学报(自然科学版), 42(2): 649-654.

曹文贵, 莫瑞, 李翔. 2007. 基于正态分布的岩石软硬化损伤统计本构模型及其参数确定方法探讨. 岩土工程学报, 29(5): 671-675.

曹文贵, 赵明华, 刘成学. 2004. 基于 Weibull 分布的岩石损伤软化模型及其修正方法研究. 岩石力学与工程学报, 23(19): 3226-3231.

柴贺军, 刘浩吾, 王明华. 2002. 大型电站坝区应力场三维弹塑性有限元模拟与拟合. 岩石力学与工程学报, 21(9): 1314-1318.

陈枫. 2002. 岩石压剪断裂的理论与实验研究. 长沙: 中南大学.

陈钢林, 周仁德. 1991. 水对受力岩石变形破坏宏观力学效应的试验研究. 地球物理学报, 34(3): 335-342.

陈勉, 金衍, 袁长友. 2001. 围压条件下岩石断裂韧性的实验研究. 力学与实践, 23(4): 32-35.

陈卫忠, 李术才, 朱维申, 等. 2003. 岩石裂纹扩展的试验与数值分析研究. 岩石力学与工程学报, 22(l): 18-23.

陈星. 2010. 浅析断裂力学法确定岩体强度参数. 现代矿业, 490(2): 34-36.

陈远川, 谢远光, 陈战. 2009. 库岸边坡失稳机理及处治措施研究. 环保前言, (3): 115-119.

陈运平, 席道瑛, 薛彦伟. 2003. 循环载荷下饱和岩石的应力-应变动态响应. 石油地球物理勘探, 38(4): 409-413.

陈运平, 王思敬. 2010. 多级循环荷载下饱和岩石的弹塑性响应. 岩土力学, 31(4): 1030-1034.

陈祖煜. 1985. 库水位骤降期土石坝边坡稳定性总应力法的计算步骤. 水力水电技术, 9: 30-32.

邓华锋. 2010. 库水变幅带水-岩作用机制和作用效应研究. 武汉: 武汉大学.

邓华锋, 李建林, 邓成进, 等. 2011a. 岩石力学试验中试样选择和抗压强度预测方法研究. 岩土力学, 32(11): 3399-3403.

邓华锋, 李建林, 刘杰. 2011b. 考虑裂隙水压力的岩体压剪裂纹扩展规律研究. 岩土力学, 32(增1): 297-302.

邓华锋, 李建林, 刘杰, 等. 2012a. 浸泡—风干循环作用对砂岩变形及破坏特征影响研究. 岩土工程学报, 34(9): 1620-1626.

邓华锋, 李建林, 孙旭曙, 等. 2012b. 水作用下砂岩断裂力学效应试验研究. 岩石力学与工程学报，31(7)：1342−1348.

邓华锋，李建林，王孔伟，等. 2012c. 饱和—风干循环过程中砂岩次生孔隙率变化规律研究. 岩土力学，33(2)：483−488.

邓华锋，李建林，王乐华. 2010. 基于强度折减法的库岸滑坡三维有限元分析. 岩土力学，31(5)：1604−1608.

邓华锋，李建林，朱敏，等. 2012d. 饱水−风干循环作用下砂岩强度劣化规律试验研究. 岩土力学，33(11)：3306−3312.

邓建华. 2010. 膏溶角砾岩力学特性及水损伤模型研究. 上海：上海交通大学.

邓宗才，聂雪强，郑俊杰. 1999. 混凝土裂缝在拉应变下的损伤与断裂分析. 华中理工大学学报，27(2)：49−51.

刁承泰，黄京鸿. 1999. 三峡水库水位涨落带土地资源的初步研究. 长江流域资源与环境，8(1)：75−80.

丁黄平，佴磊，张振营. 2008. 岩石抗压强度点荷试验与回弹试验相关性研究. 路基工程，(5)：70，71.

丁嘉榆. 1982. 岩石中裂隙对声波传播的影响. 有色金属，24(2)：7−12.

丁抗. 1989. 水岩作用的地球化学动力学. 地质地球化学，6：29−38.

丁梧秀，冯夏庭. 2005. 灰岩细观结构的化学损伤效应及化学损伤定量化研究方法探讨. 岩石力学与工程学报，24(8)：1283−1288.

董金玉，杨继红，孙文怀，等. 2011. 库水位升降作用下大型堆积体边坡变形破坏预测. 岩土力学，32(6)：1774−1780.

冯启言，韩宝平，隋旺华. 1999. 鲁西南地区红层软岩水岩作用特征与工程应用. 工程地质学报，7(3)：266−271.

冯文凯，石豫川，柴贺军，等. 2006. 降雨及库水升降作用下地下水浸润线简化求解. 成都理工大学学报(自然科学版)，33(1)：90−94.

冯夏庭，王川婴，陈四利. 2002. 受环境侵蚀的岩石细观破裂过程试验与实时观测. 岩石力学与工程学报，21(7)：935−939.

傅晏，刘新荣，张永兴，等. 2009. 水岩相互作用对砂岩单轴强度的影响研究. 水文地质工程地质，36(6)：54−58.

傅晏. 2010. 干湿循环水岩相互作用下岩石劣化机制研究. 重庆：重庆大学.

葛修润，蒋宇，卢允德，等. 2003. 周期荷载作用下岩石疲劳变形特性试验研究. 岩石力学与工程学报，22(10)：1581−1585.

苟晓琴，陈迪云. 1994. 当代环境中石造物的腐蚀破坏机理和保护. 华东地质学院学报，17(4)：389−394.

郭富利，张顶立，苏洁，等. 2007. 地下水和围压对软岩力学性质影响的试验研究. 岩石力学与工程学报，26(11)：2324−2332.

郭义. 2013. 香溪河岸坡粉砂岩干湿循环损伤机理试验研究. 武汉：中国地质大学.

韩力群. 2007. 人工神经网络理论、设计及应用. 北京：化学工业出版社.

韩丽芳，王运生，王晓欣. 2009. 龙泉山地区中生代红层水岩作用时效性实验研究. 水文地质工程地质，6：59−61.

何叶. 2011. 周期性饱水对岩石力学性能的影响研究及工程应用. 重庆：重庆交通大学.

胡斌，冯夏庭，黄小华，等. 2005. 龙滩水电站左岸高边坡区初始地应力场反演回归分析. 岩石力学与工程学报，24(22)：4055-4064.

黄维辉. 2014. 干湿交替作用下砂岩劣化效应研究. 昆明：昆明理工大学.

贾官伟，詹良通，陈云敏. 2009. 水位骤降对边坡稳定性影响的模型试验研究. 岩石力学与工程学报，28(9)：1798-1803.

姜海西，沈明荣，程石，等. 2009. 水下岩质边坡稳定性的模型试验研究. 岩土力学，(07)：1993-1999.

姜永东，阎宗岭，刘元雪. 2011. 干湿循环作用下岩石力学性质的实验研究. 中国矿业，20(5)：104-110.

康红普. 1994. 水对岩石的损伤. 水文地质工程地质，(3)：39-41.

李炳乾. 1995. 地下水对岩石的物理作用. 地震地质译从，17(5)：32-37.

李根，唐春安，李连崇. 2012. 水岩耦合变形破坏过程及机理研究进展. 力学进展，42(5)：593-619.

李洪升，刘增利，张小鹏. 2004. 冻土破坏过程的微裂纹损伤区的计算分析. 计算力学学报，21(6)：696-700.

李会中，王团乐，孙立华，等. 2006. 三峡库区千将坪滑坡地质特征与成因机制分析. 岩土力学，27(增刊)：1239-1244.

李建林，孙志宏. 2000. 节理岩体压剪断裂及其强度研究. 岩石力学与工程学报，19(4)：444-448.

李建林，王孔伟，张帆，等. 2010. 模拟库水压力状态下水-岩作用机理实验仪：中国，ZL 2010 2 0114778.2.

李江腾，古德生，曹平. 2009. 岩石断裂韧度与抗压强度的相关规律. 中南大学学报(自然科学版)，40(6)：1695-1699.

李强，管昌生. 2002. 库岸滑坡稳定可靠性分析中若干规律的探讨. 岩石力学与工程学报，21(7)：999-1002.

李邵军，Knappett J A，冯夏庭. 2008. 库水位升降条件下边坡失稳离心模型试验研究. 岩石力学与工程学报，27(8)：1586-1593.

李汶国，张晓鹏，钟玉梅. 2005. 长石砂岩次生溶孔的形成机制. 石油与天然气地质，26(2)：220-223.

李新平，刘金焕，彭元平，等. 2002. 压应力作用下裂隙岩体的断裂模式与强度特性. 岩石力学与工程学报，21(增)：1942-1945.

李彦军，王学武，冯学钢. 2008. T3x 须家河组砂岩饱水作用下水岩相互作用规律研究. 水土保持研究，15(3)：226-228.

李铀，朱维申，白世伟. 2003. 风干与饱水状态下花岗岩单轴流变特性试验研究. 岩石力学与工程学报，22(10)：1673-1677.

李月美，王运生，王晓欣. 2009. 重庆长寿地区红层水岩作用时效性实验研究. 地质灾害与环境保护，20(2)：71-73.

梁祥济. 1995. 水-岩相互作用和成矿物质来源. 北京：学苑出版社.

廖红建，盛谦，高石夯，等. 2005. 库水位下降对滑坡体稳定性的影响. 岩石力学与工程学报，24(19)：3454−3458.

刘保国，崔少东. 2011. 单试件法测定岩石强度参数的修正方法. 土木工程学报，44(增)：162−165.

刘波，罗先启，张振华. 2007. 三峡库区千将坪滑坡模型试验研究. 三峡大学学报(自然科学版)，29(2)：125−128.

刘才华，陈从新，冯夏庭，等. 2005. 地下水对库岸边坡稳定性的影响. 岩土力学，26(3)：419−422.

刘佳，鲁海，崔颖辉，等. 2009. 边坡稳定性的动力影响因素分析. 北方工业大学学报，21(1)：90−94.

刘建，乔丽苹，李鹏. 2009. 砂岩弹塑性力学特性的水物理化学作用效应——试验研究与本构模型. 岩石力学与工程学报，28(1)：20−29.

刘建锋，徐进，李青松，等. 2010. 循环荷载作用下岩石阻尼参数测试的试验研究. 岩石力学与工程学报，29(5)：1036−1041.

刘杰，李建林，周济芳. 2004. D−P 准则与岩石断裂韧度 K_{IC}，K_{IIC} 关系的研究. 岩石力学与工程学报，23(增刊1)：4300−4302.

刘效云，张弛. 1999. 浅谈岩石抗压强度试验中应注意的几个问题. 煤炭科技，(1)：18−20.

刘新荣，傅晏，王永新，等. 2008. (库)水−岩作用下砂岩抗剪强度劣化规律的试验研究. 岩土工程学报，30(9)：1298−1302.

刘新荣，傅晏，王永新. 2009. 水−岩相互作用对库岸边坡稳定的影响研究. 岩土力学，30(3)：613−616.

刘新喜，夏元友，练操. 2005a. 库水位骤降时的滑坡稳定性评价方法研究. 岩土力学，26(9)：1427−1431.

刘新喜，夏元友，张显书，等. 2005b. 库水位下降对滑坡稳定性的影响. 岩石力学与工程学报，24(8)：1440−1444.

刘业科. 2012. 水岩作用下深部岩体的损伤演化与流变特性研究. 长沙：中南大学.

刘宗平，王润起，吴小林，等. 1990. 施密特锤试验数据处理方法及其在预估岩石可钻性中的应用. 现代地质，4(4)：113−125.

路保平，林永学，张传进. 1999. 水化对泥页岩力学性质影响的试验研究. 地质力学学报，5(1)：65−70.

罗红明，唐辉明，章广成. 2008. 库水位涨落对库岸滑坡稳定性的影响. 地球科学——中国地质大学学报，33(5)：687−692.

罗先启，刘德富，吴剑，等. 2005. 雨水及库水作用下滑坡模型试验研究. 岩石力学与工程学报，24(14)：2476−2483.

罗周全，杨月平，程爱宝. 2005. 深部岩体裂隙声波探测技术应用研究. 有色金属(矿山部分)，57(3)：28−31.

马水山，雷俊荣，张保军，等. 2005. 滑坡体水岩作用机制与变形机理研究. 长江科学院院报，22(5)：37，38.

Made B，Fritz B，史维浚. 1993. 关于化学动力学控制的溶解和沉淀模式的理论探讨. 华东地质学院学报，16(2)：120—123.

满轲，周宏伟. 2010. 不同赋存深度岩石的动态断裂韧性与拉伸强度研究. 岩石力学与工程学报，29(8)：1657—1663.

潘别桐，唐辉明. 1988. 岩石压剪性断裂特性及Ⅰ—Ⅱ型复合断裂判据. 地球科学，13(4)：413—421.

祁生文，伍法权，刘春玲，等. 2004. 地震边坡稳定性的工程地质分析. 岩石力学与工程学报，23(16)：2792—2797.

乔丽苹，刘建，冯夏庭. 2007. 砂岩水物理化学损伤机制研究. 岩石力学与工程学报，26(10)：2117—2124.

时卫民，郑颖人. 2004. 库水位下降情况下滑坡的稳定性分析. 水利学报，3：76—80.

苏承东，杨圣奇. 2006. 循环加卸载下岩样变形与强度特征试验. 河海大学学报(自然科学版)，34(6)：667—671.

苏承东，尤明庆. 2004. 单一试样确定大理岩和砂岩强度参数的方法. 岩石力学与工程学报，23(18)：3055—3058.

孙冬梅，朱岳明，张明进. 2008. 库水位下降时的库岸边坡非稳定渗流问题研究. 岩土力学，29(7)：1807—1812.

孙萍，殷跃平，吴树仁. 2009. 四川省青川县东河口滑坡岩石的抗剪断性质试验. 地质通报，28(8)：1163—1167.

孙卫东. 2001. 钙镁离子对 SiO_2 溶解度的影响. 中国甜菜糖业，26(4)：21—24.

汤连生，王思敬. 1999a. 水—岩化学作用对岩体变形破坏力学效应研究进展. 地球科学进展，14(5)：433—439.

汤连生，王思敬. 1999b. 水—岩土化学作用与地质灾害防治. 中国地质灾害与防治学报. 10(3)：61—69.

汤连生，王思敬. 2002a. 岩石水化学损伤的机理及量化方法探讨. 岩石力学与工程学报，21(3)：314—319.

汤连生，张鹏程. 2000. 水化学损伤对岩石弹性模量的影响. 中山大学学报(自然科学版)，39(5)：126—128.

汤连生，张鹏程，王思敬. 2002b. 水—岩化学作用的岩石宏观力学效应的试验研究. 岩石力学与工程学报，21(4)：526—531.

汤连生，张鹏程，王思敬. 2002c. 水—岩化学作用之岩石断裂力学效应的试验研究. 岩石力学与工程学报，21(6)：822—827.

汤连生，张鹏程，王洋. 2003a. 水作用下岩体断裂强度探讨. 岩石力学与工程学报，22(sup1)：2154—2158.

汤连生，张鹏程，王洋. 2003b. 岩体复合型裂纹的扩展规律Ⅱ. 有水作用条件下. 中山大学学报(自然科学版)，42(1)：90—94.

汤连生，张鹏程，王洋. 2004. 水作用下岩体断裂强度探讨. 岩石力学与工程学报，23(19)：3337—3341.

汤连生，周萃英. 1996. 渗透与水化学作用之受力岩体的破坏机理. 中山大学学报(自然科学版)，35(6)：95—100.

汤维增. 1992. 水库放水导致土坝内坡滑塌事故的浅见. 江西水利科技, 18(3)：207-210.

唐春安. 1993. 岩石破裂过程中的灾变. 北京：煤炭工业出版社.

涂光炽, 卢焕章, 洪业汤. 2000. 高等地球化学. 北京：科学出版社.

宛新林, 席道瑛. 2009. 饱和砂岩对周期性循环载荷的动态响应. 物探化探计算技术, 31 (5)：417-410.

汪亦显, 曹平, 黄永恒. 2010. 水作用下软岩软化与损伤断裂效应的时间相依性. 四川大学学报：工程科学版, 42(4)：55-62.

王成虎, 何满潮, 刘墨山. 2006. 某水电站高边坡在地震作用下的稳定性分析. 地震工程与工程振动, 26(3)：248-251.

王桂尧, 孙宗颀, 徐纪成. 1996. 岩石压剪断裂机理及强度准则的探讨. 岩土工程学报, 18 (4)：68-74.

王金星, 王灵敏, 杨小林. 2004. 对岩石拉伸试验方法的探讨. 焦作工学院学报（自然科学版）, 23(3)：205-208.

王锦国, 周云, 黄勇. 2006. 三峡库区猴子石滑坡地下水动力场分析. 岩石力学与工程学报, 25(增1)：2757-2762.

王兰生. 2007. 意大利瓦依昂水库滑坡考察. 中国地质灾害与防治学报, 3：145-148+158 -159.

王磊. 1997. 隧道岩石耐磨性与岩石强度的相关性研究. 四川联合大学学报（工程科学版）, 1 (6)：26-30.

王俐, 杨春和. 2006. 不同初始饱水状态红砂岩冻融损伤差异性研究. 岩土力学, 27(10)：1172-1176.

王士天, 刘汉超, 张倬元, 等. 1997. 大型水域水岩相互作用及其环境效应研究. 地质灾害与环境保护, 8(1)：69-88.

王思敬, 马凤山, 杜永廉. 1996. 水库地区的水岩作用及其地质环境影响. 工程地质学报, 4 (3)：1-9.

王泳嘉, 冯夏庭. 2000. 化学环境侵蚀下的岩石破裂特性——第二部分：时间分形分析. 岩石力学与工程学报, 19(5)：551-556.

王运生, 吴俊峰, 魏鹏. 2009. 四川盆地红层水岩作用岩石弱化时效性研究. 岩石力学与工程学报, 28(增刊1)：3102-3108.

魏安, 蒋爵光. 1997. 铁路岩石边坡稳定性分类的逐步判别分析. 西南交通大学学报, (2)：49-54.

吴琼, 林志红. 2007. 库水位下降时隔水底板倾斜的层状库岸边坡中浸润线的解析解. 地质科技情报, 26(2)：91-94.

吴琼, 唐辉明, 王亮清. 2009. 库水位升降联合降雨作用下库岸边坡中的浸润线研究. 岩土力学, 30(10)：3025-3031.

吴玉山, 李纪鼎. 1985. 确定岩石强度包络线的新方法——单块法. 岩土工程学报, 7(2)：85-91.

吴政, 张承娟. 1996. 单向荷载作用下岩石损伤模型及其力学特性研究. 岩石力学与工程学报, 15(1)：55-61.

席道瑛，刘斌，田象燕．2002．饱和岩石的各向异性及非线性粘弹性响应．地球物理学报，45(1)：109－118.

席道瑛，薛彦伟，宛新林．2004．循环载荷下饱和砂岩的疲劳损伤．物探化探计算技术，24(3)：193－198.

肖锐铧，陈成名，李梦．2009．震后灾区地质灾害防治的思考和建议．中国水运，9(12)：139－140.

徐德敏，黄润秋，虞修竟．蚀变岩水-岩相互作用试验研究．水土保持研究，15(2)：117－119.

徐辉，胡斌，唐辉明．2010．饱水砂岩的剪切流变特性试验及模型研究．岩石力学与工程学报，29(增刊1)：2775－2781.

许江，杨红伟，李树春．2009．循环加、卸载孔隙水压力对砂岩变形特性影响实验研究．岩石力学与工程学报，28(5)：892－899.

徐礼华，刘素梅，李彦强．2008．丹江口水库区岩石软化性能试验研究．岩土力学，29(5)：1430－1434.

徐千军，陆杨．2005．干湿交替对边坡长期安全性的影响．地下空间与工程学报，1(6)：1021－1024.

徐卫亚，韦立德．2002．岩石损伤统计本构模型研究．岩石力学与工程学报，21(6)：787－791.

徐文杰，王立朝，胡瑞林．2009．库水位升降作用下大型土石混合体边坡流-固耦合特性及其稳定性分析．岩石力学与工程学报，28(7)：1491－1498.

徐则民，黄润秋，杨立中．2004．斜坡水-岩化学作用问题．岩石力学与工程学报，23(16)：2778－2787.

杨更社，孙钧．2001．中国岩石力学的研究现状及其展望分析．西安公路交通大学学报，21(3)：5－9.

杨慧，曹平，江学良．2009．水-岩化学作用下岩体裂纹应力强度因子的计算及分析．南华大学学报：自然科学版，23(2)：14－17.

姚华彦，张振华，朱朝辉，等．2010．干湿交替对砂岩力学特性影响的试验研究．岩土力学，31(12)：3704－3708.

易立新，车用太，王广才．2003．水库诱发地震研究的历史、现状与发展趋势．华南地震，23(1)：28－37.

易顺民，朱珍德．2005．裂隙岩体损伤力学导论．北京：科学出版社.

尤明庆．2002．岩样三轴压缩的破坏形式和Coulomb强度准则．地质力学学报，8(2)：179－185.

尤明庆．2007．岩石的力学性质．北京：地质出版社.

尤明庆，华安增，李玉寿．1998．缺陷岩样的强度及变形特性的研究．岩土工程学报，20(2)：97－101.

尤明庆，苏承东．2004．大理岩试样的长度对单轴压缩试验的影响．岩石力学与工程学报，23(22)：3754－3760.

尤明庆，苏承东．2008．大理岩试样循环加载强化作用的试验研究．固体力学学报，29(1)：66－72.

尤明庆，苏承东，李小双. 2008. 损伤岩石试样的力学特性与纵波速度关系研究. 岩石力学与工程学报，27(3)：458—467.

尤明庆，苏承东，徐涛. 2001. 岩石试样的加载卸载过程及杨氏模量. 岩土工程学报，23(5)：588—592.

于德海，彭建兵. 2009. 三轴压缩下水影响绿泥石片岩力学性质试验研究. 岩石力学与工程学报，28(1)：205—211.

于骁中. 1988. 岩石和混凝土段力学. 长沙：中南工业大学出版社.

袁中友，唐晓春. 2003. 蓄水和水位变动对三峡库区崩塌滑坡的影响及对策. 热带地理，23(1)：30—34.

张建国，张强勇，杨文东，等. 2009. 大岗山水电站坝区初始地应力场反演分析. 岩土力学，30(10)：3071—3078.

张均锋，孟祥跃，朱而千. 2004. 水位变化引起分层边坡滑坡的实验研究. 岩石力学与工程学报，23(16)：2676—2680.

张盛，王启智. 2006. 采用中心圆孔裂缝平台圆盘确定岩石的动态断裂韧度. 岩土工程学报，28(6)：723—728.

张盛，王启智. 2009. 用5种圆盘试件的劈裂试验确定岩石断裂韧度. 岩土力学，30(1)：12—18.

张文杰，陈云敏，凌道盛. 2005. 库岸边坡渗流及稳定性分析. 水利学报，36(12)：1510—1516.

张文杰，詹良通，凌道盛，等. 2006. 水位升降对库区非饱和土质库岸边坡稳定性的影响. 浙江大学学报(工学版)，40(8)：1365—1370.

张亚非. 1995. 建筑结构检测. 武汉：武汉工业大学出版社.

张友谊，胡卸文. 2007. 库水位等速上升作用下库岸边坡地下水浸润线的计算. 水文地质工程地质，(5)：46—49.

张有天. 2005. 岩石水力学与工程. 北京：中国水利水电出版社.

章广成，唐辉明，胡斌. 2007. 非饱和渗流对滑坡稳定性的影响研究. 岩土力学，28(5)：965—970.

赵均海，魏雪英. 2005. 双剪统一强度理论下复合裂纹的研究. 长安大学学报(自然科学版)，25(3)：58—61.

赵兰浩，杨庆庆，李同春. 2011. 地震作用下土质库岸边坡失稳运动及初始涌浪数值模拟方法. 水力发电学报，(6)：104—108.

赵明阶，吴德伦. 2000. 工程岩体的超声波分类及强度预测. 岩石力学与工程学报，19(1)：89—92.

赵阳升，邝保平，万志军. 2009. 高温高压下花岗岩中钻孔变形失稳临界条件研究. 岩石力学与工程学报，28(5)：865—874.

郑颖人，时卫民，孔位学. 2004. 库水位下降时渗透力及地下水浸润线的计算. 岩石力学与工程学报，23(18)：3203—3210.

中华人民共和国国家标准编写组. 1999. GB50218—94工程岩体分级标准. 北京：中国计划出版社.

中华人民共和国行业标准编写组. 2001. SL264—2001 水利水电工程岩石试验规程. 北京：中国水利水电出版社.

周翠英，邓毅梅，谭祥韶. 2003. 软岩在饱水过程中微观结构变化规律研究. 中山大学学报（自然科学版），42(4)：98－102.

周翠英，邓毅梅，谭祥韶. 2004. 软岩在饱水过程中水溶液化学成分变化规律研究. 岩石力学与工程学报，23(22)：3813－3817.

周翠英，邓毅梅，谭祥韶，等. 2005. 饱水软岩力学性质软化的试验研究与应用. 岩石力学与工程学报，24(1)：33－38.

周翠英，朱凤贤，张磊. 2010. 软岩饱水试验与软化临界现象研究. 岩土力学，31(6)：1709－1715.

周群力. 1987. 岩石压剪断裂判据及其应用. 岩土工程学报，9(3)：73－78.

周世良，刘小强，尚明芳 等. 2012. 基于水－岩相互作用的泥岩库岸时变稳定性分析. 岩土力学，7：1933－1939.

朱冬林，任光明，聂德新，等. 2002. 库水位变化下对水库滑坡稳定性影响的预测. 水文地质工程地质，3：6－9.

朱合华，周治国，邓涛. 2006. 饱水对致密岩石声学参数影响的试验研究. 岩石力学与工程学报，24(3)：823－828.

朱敏. 2013. "风干－浸泡"循环作用下损伤砂岩力学特性研究. 宜昌：三峡大学.

朱明礼，朱珍德，李刚，等. 2009. 循环荷载作用下花岗岩动力特性试验研究. 岩石力学与工程学报，28(12)：2520－2526.

朱兴华，崔鹏，葛永刚. 2012. 汶川地震对震区河流演化的影响. 长江科学院院报，2(1)：1－6.

朱朝辉，吴平，姚华彦，等. 2012. 饱水－干燥循环和长期饱水砂岩劈裂试验. 水电能源科学，30(12)：58－60.

朱珍德，张爱军，邢福东. 2004. 岩石抗压强度与试件尺寸相关性试验研究. 河海大学学报（自然科学版），32(1)：42－45.

Alt-Epping, Diamond L W, Haring M O, et al. 2013. Prediction of water-rock interaction and porosity evolution in a granitoid-hosted enhanced geothermal system, using constraints from the 5 km Basel-1 well. Applied Geochemistry, 38：121－133.

Arioglu E, Tokgoz N. 1991. Estimation of rock strength rapidly and reliably by the Schmidt hammer. Journal of Mines, Metals & Fuels, 39(9)：327－331.

Bagde M N, Petros V. 2005. Fatigue properties of intact sandstone samples subjected to dynamic uniaxal cyclical loading. International Journal of Rock Mechanics and Mining Sciences, 42(2)：237－250.

Bazant Z P. 1983. Crack band theory for fracture of concrete. Materials and Structures, 16 (2)：155－177.

Brown G J, Reddish D J. 1997. Experimental relationship between rock fracture toughness and density. International Journal of Rock Mechanics & Mining Sciences, 34(1)：153－155.

Bruno M S, Nakagawa F M. 1991. Pore pressure influence on tensile fracture propagation in sedimentary rock. International Journal of Rock Mechanics and Mining Sciences and Geomechanics Abstracts, 28(4): 261—273.

Carmine A, Luigi M, Teresa C, et al. 2013. The standard thermodynamic properties of vermiculites and prediction of their occurrence during water-rock interaction. Applied Geochemistry, 35: 264—278.

Chang C D, Haimson B. 2006. Effect of fluid pressure on rock compressive failure in a nearly impermeable crystalline rock: implication on mechanism of borehole breakouts. Engineering Geology, 10: 10—16.

Dong S M, Wang Y, Xia Y M. 2006. A finite element analysis for using Brazilian disk in split Hopkinson pressure bar to investigate dynamic fracture behavior of brittle polymer materials. Polymer Testing, 25(7): 943—952.

Dunning J D, Miller M E. 1984. Effecte of pore fluid chemistry on stable sliding of Berea sandstone. Pageoph, 122(1984/1985): 447—462.

Dyke C G, Dobereiner L. 1991. Evaluating the strength and deformability of sandstones. Quarterly Journal of Engineering Geology and Hydrogeology, 24(1): 123—134.

Ebrahimi M E, Chevalier J, Fantozzi G. 2000. Slow crack-growth behavior of alumina ceramics. Journal of Materials Research, 15(1): 142—147.

Erdogan F, Sih G C. 1963. On crack extension in plates under plane loading and transverse shear. Journal of Basic Engineering, ASME, 85(4): 519—527.

Feng X T, Chen S L, Li S J. 2001. Effects of water chemistry on microcracking and compressive strength of granite. Rock Mechine and Mining Sciences, 38(4): 557—568.

Golshani A, Oda M, Takemura T, et al. 2007. Numerical simulation of the excavation damaged zone around an opening in brittle rock. International Journal of Rock Mechanics and Mining Sciences, 44(6): 835—845.

Golshani A, Okui Y, Oda M, et al. 2006. A micromechanical model for brittle failure of rock and its relation to crack growth observed in triaxial compression tests of granite. Mechanics of Materials, 38(4): 287—303.

Griffiths D V, Lane P A. 1999. Slope stability analysis by finite elements. Geotechnique, 49(3): 387—403.

Hale P A, Shakoor A. 2003. A laboratory investigation of the effects of cyclic heating and cooling, wetting and drying, and freezing and thawing on the compressive strength of selected sandstones. Environmental and Engineering Geoscience, 9(2): 117—130.

Hawkins A B, Mcconnell B J. 1992. Sensitivity of sandstone strength and deformability to changes in moisture content. Quarterly Journal of Engineering Geology and Hydrogeology, 25(2): 115—130.

Hurowitz J A., Fischer W W. 2014. Contrasting styles of water-rock interaction at the Mars Exploration Rover landing sites. Geochimica Et Cosmochimica Acta, 127: 25—38.

Jeng F S, Lin M L, Huang T H. 2000. Wetting deterioration of soft sandstone-microscopic insights. An International Conference on Geotechnical and Geological Engineering, Melbourne: 525.

Kacimov A R. 2006. Analytic element solutions for seepage towards topographic depressions. Journal of Hydrology, 318: 262—275.

Kacimov A R, Obnosov Y V, Perret J. 2004. Phreatic surface flow from a near-reservoir saturated tongue. Journal of Hydrology, 296: 271—281.

Krajcinovic D. 1984. Continuous damage mechanics. Applied Mechanics Review, 37(1): 1 —5.

Krajcinovic D, Silva M A G. 1982. Statistical aspects of the continuous damage theory. International Journal of Solids and Structures, 18(7): 551—562.

Lajtai E Z. 1971. A theoretical and experimental evaluation of Griffith theory of brittle fracture. Tectonophysics, 11(2): 129—156.

Lane P A, Griffiths D V. 2000. Assessment of stability of slopes under drawdown conditions. Journal of Geotechnical and Geoenviromental Engineering, 126(5): 443—450.

Lasaga A C. 1984. Chemical kinetics of water-rock interactions. Journal of Geophysical Research, 89(B6): 4009—4025.

Lasaga A C, Kirkpatrick R I. 1981. Kinetics of Geochemical Processes. Mineralogical Society of America: Review in Mineralogy, 1981, (8): 1—68.

Lasaga A C, Soler J M, Ganor J, et al. 1994. Chemical weathering eate laws and global geochemical cycles. Geochim Cosmochim Acta, 58: 2361—2386.

Lemaitre J, Chaboche J L. 1990. Mechanics of Solid Materials. Cambridge: Cambridge University Press.

Li H B, Zhao J, Li T J. 1999. Triaxial compression tests on a granite at different strain rates and confining pressures. International Journal of Rock Mechanics and Mining Sciences, 36 (8): 1057—1063.

Li H B, Zhao J, Li T J. 2000. Micromechanical modeling of the mechanical properties of a granite under dynamic uniaxial compressive loads. International Journal of Rock Mechanics and Mining Sciences, 37(6): 923—935.

Li J T, Cao P, Yuan H P. 2005. Testing study of subcritical crack growth velocity and fracture toughness of marble. Journal of Coal Science & Engineering(China), 11(1): 23—25.

Lin M L, Jeng F S, Tsai L S, et al. 2005. Wetting weakening of tertiary sandstones—microscopic mechanism. Environ Geol, 48: 265—275.

Melin S. 1986. When does a crack grow under mode II conditions. International Journal of Fracture, 30(1): 103, 104.

Morgenstern N R. 1963. Stability charts for earth slopes during rapid drawdown. Geotechnique, 13: 121—131.

Nemat-Nasser S, Horii H. 1982. Compression-induced non-planar crack extension with application to splitting, exfoliation and rock bursts. Journal of Geophysics Research, 87(B8): 6805—6821.

Nuismer R J. 1975. An energy release rate criterion for mixed mode fracture. Int. Jour. Fract. Mech. , 11(2): 245—250.

Raj R, Ashby M F. 1971. On grain boundary sliding and diffusional creep. Metall Trans, 2: 1113—1127.

Rutter E H, Mainprice D H. 1978. The effect of water on stress relaxation of faulted and unfaulted sandstone. Pageoph, 116: 634—654.

Santiago S D, Hilsdorf H K. 1973. Fracture mechanism of concrete under compressive loads. Cement and Concrete Research, 3(4): 363—388.

Sih G C. 1973. Energy-density concept in fracture mechanics. Engineering Fracture Mechanics, 5(4): 1037—1040.

Tallini M, Parisse B, Petitta M, et al. 2013. Long-term spatio-temporal hydrochemical and [222] Rn tracing to investigate groundwater flow and water—rock interaction in the Gran Sasso(central Italy)carbonate aquifer. Hydrogeology Journal, 21(7): 1447—1467.

Tutuncu A N, Podio A L, Sharma M M. 1998a. Nonlinear visco-elastic behavior of sedimentary rocks, part I: effect of frequency and strain amplitude. Geoohysics, 63(1): 184—190.

Tutuncu A N, Podio A L, Sharma M M. 1998b. Nonlinear visco-elastic behavior of sedimentary rocks, part II: hysteresis effect and influence of type of fluid on elastic moduli. Geophysics, 63(1): 195—203.

Whittaker B N, Singh R N, Sun G. 1992. Rock Fracture Mechanics: Principles, Design and Applications. Amsterdam: Elsevier.

Zhang Z X, Kou S Q, Lindqvist P A, et al. 1998. The relationship between the fracture toughness and tensile strength of rock//Yu M H, Fan S C. Strength Theories: Applications, Evelopment & Prospects for 21st Century. Beijing/ NewYork: Science Press: 215 —223.

Zhang Z X. 2002. An empirical relation between mode I fracture toughness and the tensile strength of rock. International Journal of Rock Mechanics & Mining Sciences, 39(3): 401—406.